BASIC HAIR COLOR WORKBOOK

기초헤어컬러 워크북

구민사

저 · 자 · 약 · 력

권오혁

- 現 원광대학교 미용예술학박사
- 現 한성대학교 뷰티디자인매니지먼트학과 교수
- 컬러이미지컨설턴트
- 한국서비스산업진흥원 전문직업 상담소장
- 미용사중앙회 경기지부 심사위원
- 대한미용학회 상임이사 및 부회장

홍수남

- 現 한성대학교 뷰티디자인학과 교수
- 퍼스널컬러 & 이미지메이킹 전문가
- 한국메이크업직업교류회 교육이사
- 한국산업인력공단 미용사(메이크업) 감독위원
- K뷰티산업진흥위원회 전문위원
- K-뷰티산업협회 자문위원
- 대한미용학회 상임이사 & 교육위원장
- 국가평생교육진흥원 미용분야 심사위원

기초헤어컬러 워크북

초판 인쇄 2021년 11월5일
초판 발행 2021년 11월 15일
초판 2쇄 발행 2022년 9월 20일

| 지 은 이 | 권오혁, 홍수남
| 발 행 인 | 조규백
| 발 행 처 | 도서출판 구민사
(07293) 서울특별시 영등포구 문래북로 116, 604호(문래동3가 46, 트리플렉스)
| 전 화 | (02)701-7421(~2)
| 팩 스 | (02)3273-9642
| 홈페이지 | www.kuhminsa.co.kr
| 신고번호 | 제 2012-000055호(1980년 2월 4일)
| I S B N | 979-11-5813-973-5(93590)

| 정 가 | 16,000원

머 · 리 · 말

개인의 이미지를 판단하는 기준 중 시각적인 부분이 가장 먼저 각인된다. 헤어컬러는 메이크업 컬러와 같이 시각적으로 보이는 뷰티이미지이며, 개인의 이미지를 호감 또는 비호감, 노안 또는 동안으로 평가하는 요소이기에 본인에게 잘 어울리는 감각적인 헤어컬러링을 연출하는 것이 중요하다.

본 저서는 헤어컬러링을 처음 입문하거나 헤어전문가로 진로를 결정하고자 할 때 기본적으로 섭렵해야 하는 모발에 대한 전반적인 이론, 헤어염색을 하기 위한 염모제와 산화제의 이해, 헤어컬러링에서 기본적으로 숙지해야 되는 모발의 언더코트와 반사빛의 이해, 컬러차트와 염모제의 번호체계, 보색중화 이론과 헤어컬러 조색과 색상 이미지를 숙지하기 위한 색채학 이론, 헤어컬러링 및 탈색에 대한 기초적인 테크닉 섭렵 등을 학습할 수 있는 워크북으로 제작하였다.

따라서 본 교재를 통해 헤어컬러링 관련의 다양한 이론과 실기능력을 숙지하여 기초헤어컬러링 테크닉을 완벽히 다지기를 권장한다.

마지막으로 출판에 도움주신 구민사 조규백 사장님과 출판 관계자분들께 깊은 감사의 말씀을 전한다.

저자 씀

목 · 차

PART
03 색채학 이론 69p

PART
04 기초헤어컬러링 및 탈색 79p

PART 01

모발의 이해

1. 모발의 개념과 기능
2. 모발의 형태와 종류
3. 모발의 구조와 성장주기

• 헤어컬러와 이미지의 관련성?

• 모발은 얼굴형과 이목구비와 마찬가지로 개인의 얼굴 이미지를 형성하는 중요한 요소이다. 모발의 길이, 색상, 형태, 질감, 오브제 연출 등에 따라 각양각색의 이미지를 연출할 수 있다.

• 시대가 흐름에 따라 트렌드가 정착하듯이 미의 기준이 변화하게 된다. 특히 뷰티와 패션은 트렌드에 민감한 산업분야로써, 이 트렌드는 헤어디자인 뿐만 아니라 헤어컬러의 색상도 트렌드를 반영하여 유행 헤어컬러를 연출하고 선호하게 된다.

• 헤어컬러는 개인의 퍼스널컬러와 직접적인 관련이 있다. 퍼스널컬러 중 신체색인 피부색과 밀접한 관련이 있는데, 피부색이 따뜻한 이미지의 웜톤(Warm-tone)인지 쿨톤(Cool-tone)인지에 따라 헤어컬러가 결정된다.

• 이처럼 헤어컬러를 개인의 이미지에 적절하게 잘 활용함으로써, 자신의 이미지가 동안 또는 노안, 호감 또는 비호감 등을 결정하는 데 중요하며, 개성, 직업, 연령대, 취향 등이 반영되어 최상의 이미지를 연출하는 데 중요한 역할을 할 것이다.

1 모발의 개념과 기능

학습내용 모발의 개념과 기능에 대해서 학습한다.

1) 모발의 개념과 기능

사람의 몸에서 자라난 체모와 두발 모(毛)의 총칭으로 머리카락과 신체에 난 모든 모(毛)를 의미하고, 모발은 크게 두 가지의 측면에 따라서 기능과 역할을 구분하게 된다. 즉 기능적 측면에서는 외부 위험요소로부터 보호의 기능, 중금속을 배출하는 기능, 신경 및 감각을 전달하는 기능, 장식의 기능 등이 있다.

Activity 아래의 괄호 A 안에 들어갈 단어를 예시에서 골라보세요

예시 : 미용적 측면, 신분표시적 측면

모발의 기능과 역할

모발은 여러 가지 특성을 지니고 있는데 이에 따라 헤어스타일의 볼륨을 결정하고, 펌과 염색이 되는 원리를 설명하는 특성 등이 있다.

Activity 아래의 괄호 안에 들어갈 단어를 예시에서 골라보세요.

예시 : 대전성, 다공성, 탄력성, 화학성, 물리성

A	
B	
C	

2) 모발의 물리적 특성

헤어컬러링을 하기 위한 모발의 물리적 특성은 크게 탄력성, 다공성, 열변성, 친수성의 4가지로 분류한다.

구분	특징
탄력성	• 모발을 상하좌우로 잡아 당겼을 때 늘어나다가 원래대로 되돌아가려는 성질 • 건강모의 일반적인 길이는 40~50%, 젖은 모발은 60~70% • 신장 강도: 젖은 모발보다 마른 모발이 끊는 힘이 더 강함
다공성	• 모발의 구멍을 의미하며, 손상모일수록 다공성모가 많음 • 일반적인 모발의 수분보유는 10~15%, 손상모는 10% 미만으로 모발의 촉감이 매우 거침 • 다공성모일수록 화학약품이 모발 속에 과다 침투되어 손상이 커지는 반면, 수분흡수율이 낮아져 모발은 점점 건조한 모발로 변하게 됨
열변성	• 화학시술 시 높은 열은 모발의 케라틴 구조를 변화시켜 모발 손상이 초래됨 • 건열과 습열 중 습열이 모발에 물기를 머금고 있어 모발손상이 더 심함
친수성	• 모발의 모표피(Cuticle)는 친유성으로 10%를 차지함 • 모피질(Cortex) 영역은 친수성으로 전체 모발의 약 90%를 차지함

토론 및 메모 • 손상모와 건강모 중 머리를 감았을 때 부피가 증가하는 모발은 어떤 모발일까요?

토론 및 메모 • 그 원인은 무엇이라고 생각하십니까?

2 모발의 형태와 종류

학습내용 모발의 형태와 종류에 대해서 학습한다.

1) 모발의 형태

모발은 단백질인 케라틴 세포로 구성되어 있으며, 태어날 때부터 유전적인 영향으로 모발형태가 결정되는데, 살펴보면 크게 3종류로 구분된다. 특히 인종(동양 또는 서양), 성별 등에 따라 결정되는데 이는 추후 연령대, 라이프스타일, 식습관, 음주 및 흡연, 건강상태, 모발관리 특성 등에 따라 변화할 수도 있다.

Activity 괄호 안에 들어갈 단어를 예시에서 골라보세요.

예시 : 곱슬모, 직모, 원형모
※ 파상모와 축모는 웨이브가 있는 곱슬곱슬한 모발을 의미함

모발의 형태

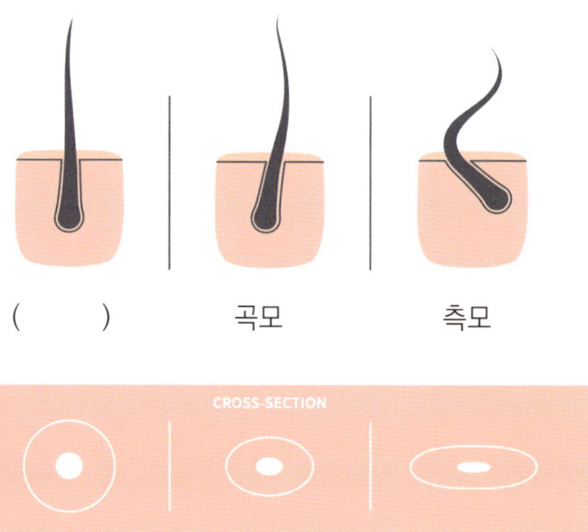

2) 모발의 종류

사람의 모발은 크게 취모, 연모, 경모의 3가지 형태로 구분하게 된다.

구분	특징
취모	• 모든 모낭에서 처음 자라나는 털은 수질이 없는 취모(ex: 배냇머리) • 태아 9~12주 사이 모근 형성과 함께 성장하며, 매우 얇고 멜라닌 색소가 없어서 색상이 아주 연함 • 시간이 지나도 길이가 길게 자라지 않으며, 연모로 바뀜
연모	• 취모와 매우 비슷한 형태를 지니고 있으며, 길이는 1~2cm를 넘지 않음 • 시각적으로 잘 보이지는 않으나 몸 전체에 존재하며, 매우 가늘고 연역한 털 • 굵기는 0.006mm 이하의 모발을 의미하며, 취모가 탈락되고 연모로 변화됨 • 연모는 사춘기를 전후로 호르몬 변화로 인해 대부분 경모로 바뀜 • 멜라닌 색소가 적고 모수질이 없음
경모	• 인체 부위에 다라서 일반적으로 0.15~0.2mm 정도의 굵고 튼튼한 모 • 성인의 두발이나 눈썹, 속눈썹, 겨드랑이, 수염, 음모 등의 털을 의미함 • 경모는 멜라닌 색소가 풍부하여 견고한 단백질 결합으로 변형이 어려우며 유전적 요인의 영향을 받음 • 모수질과 멜라닌 색소를 가지고 있음

3) 모발의 특징

• 모발을 현미경으로 살펴보면 크게 직모, 곡모, 축모의 3가지 형태로 결정된다.

구분	특징
직모(Straight hair)	• 대체로 황인종 즉 동양인에게 많이 볼 수 있는 모발특징이며, 웨이브가 없어 직선으로 자라는 모발로 횡단면은 원형으로 모경지수는 75~85 정도
곡모(Wavy hair)	• 백인종에게 많이 볼 수 있는 모발특징이며, 웨이브가 살짝 있는 곱슬모 • 모발의 횡단면은 타원형으로 모경지수는 60~75 정도
축모(Curly hair)	• 웨이브가 강한 곱슬 모발로 흑인종에게 자주 볼 수 있음 • 모발의 횡단면은 납작하고, 모경지수는 50~60 정도

• 모발의 밀도는 대략 9~15만 개 정도이며, 인종에 따라 다르다. 황인종 즉 동양인의 경우 멜라닌색소의 영향으로 어두운 갈색 모발은 약 10만 개이고, 백인의 금발은 약 14만 개, 붉은색 모발은 약 9만 개 정도로 구성되어 있다.

• 개인마다 차이는 있지만 보통 하루 평균 70~100개 정도가 자연스럽게 탈모가 되고, 신체 및 모든 부분이 노화되면서 하루 200개 정도의 모발이 탈락된다.

• 모발의 지름은 굵기에 따라 분류되며, 동양인의 모발 지름은 보통 0.05~0.15mm 정도이다.

Activity 다음 설명 중 맞으면 O, 틀리면 X를 기입해 보세요.

· 탈모는 주로 환절기 때 많이 발생한다.	(　　)
· 탈모는 남자보다 여자가 생길 확률이 적다.	(　　)
· 멜라닌색소는 피부색, 눈동자색, 모발색을 결정한다.	(　　)
· 축모는 주로 아프리카 흑인들에게 자주 볼 수 있다.	(　　)
· 모발의 주기는 사람마다 비슷비슷하다.	(　　)
· 한국 사람들은 곱슬모보다 대부분 직모가 많다.	(　　)

4) 모발과 pH(수소이온농도)의 관련성

모발의 pH(수소이온농도)는 모발 중에 함유되어 있는 수분의 pH를 의미하며, 7을 기준으로 7은 중성, 7을 초과하면 산성, 7 미만이면 알칼리로 구분한다.

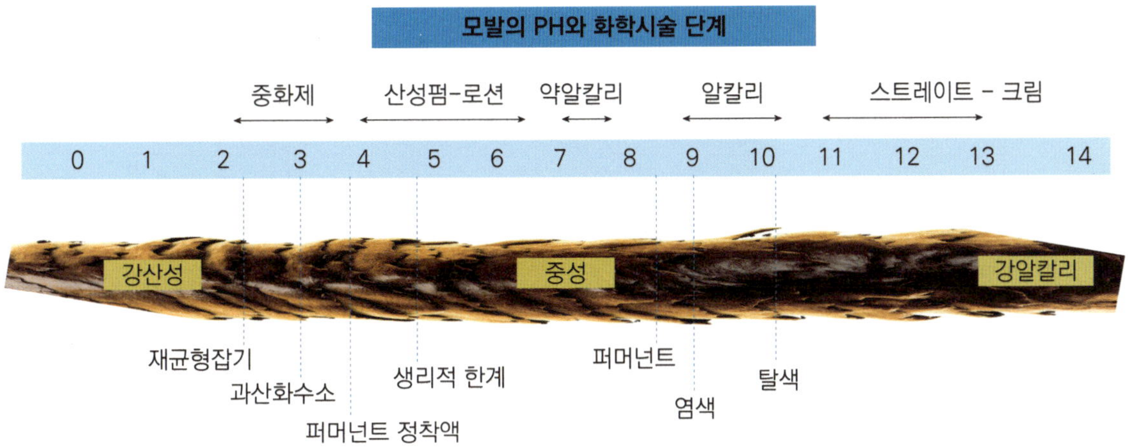

(1) pH와 알칼리의 제품의 결합으로 헤어에 미치는 영향

- 알칼리 제품은 모발을 40~70%까지 팽윤시키는 변화를 주는 특성이 있음

- 헤어컬러링 시술 시 모발의 팽윤은 화합물이 쉽게 침투하고 과산화수소의 산화작용을 도움

- 동일 염모제를 사용하더라도 pH에 따라 발색과 탈색의 정도가 달라짐

- pH가 높은 9~11 정도에서는 탈색과 염색의 최대치를 얻을 수 있음

- 염모제가 펌제를 사용하면 물리적인 pH의 변질로 인해 두피와 모발의 불균형이 발생하므로 알칼리성 제품 사용 후에는 pH가 낮은 산성 컨디셔너를 사용하여 pH농도를 중화시키며, 내부 피질의 환원과 모표피(cuticle)을 수축시키고 부드럽게 만드는 역할

토론 및 메모

• 헤어컬러링을 하려면 취모, 연모, 경모 중 어떤 모발이 적당할까요?

토론 및 메모

• 그 이유는 무엇이라고 생각하십니까?

토론 및 메모

• 백인이 동양인보다 모발이 더 가는 이유는 무엇이라고 생각하세요?

3 모발의 구조와 성장주기

1) 모발의 구조

① 모발의 내면을 측면으로 살펴보면 3개의 층으로 구성되어 있다.

구분	특징
모수질(Medulla)	모발 구조상 가장 중심부에는 벌집모양의 얇은 기둥으로, 이 부분에 약간의 멜라닌 색소가 있어 헤어컬러를 할 때 중요한 역할을 하게 된다. 멜라닌 색소는 모발과 피부색, 눈동자색을 결정하는 색소이다.
모피질(Cortex)	모발 구조상 중간에 위치하고 있고 모수질을 둘러싸고 있으며, 이는 모발의 유연성과 두께, 투과성을 좌우한다. 모발의 유연성과 두께, 투과성은 헤어펌과 헤어컬러링 시 중요한 역할을 하게 된다. 전체 모발의 85~90%를 차지하고 있으며, 멜라닌 색소가 존재하며, 폴리펩타이드 구조로 되어 있다.
모표피(Cuticle)	모발 구조상 가장 바깥쪽에 위치하고 있고, 모피질에 의해 비늘 모양으로 둘러 쌓여 있으며, 모발의 광택과 촉감을 결정한다.

② 모발은 크게 모근부와 모간부로 구분한다.

- 모근(피부)부 : 모공 안쪽 부분에 위치하고 있으며, 피지선, 모낭, 모유두가 있다.

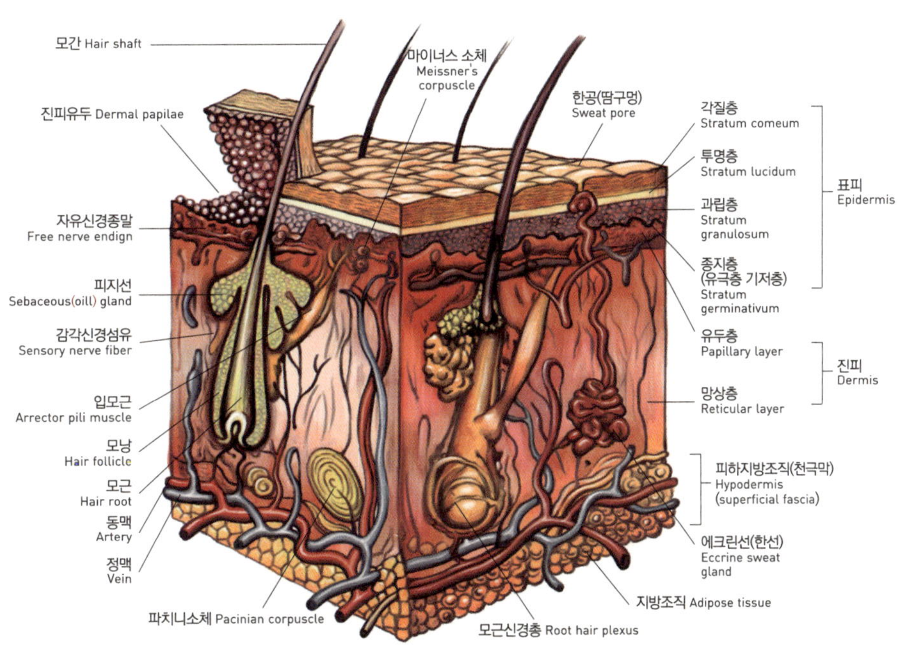

모근(피부)의 구조

• 모간부 : 모발 중심 부위의 모피질(Cortex)와 바깥층 모피질(Cuticle)로 구성되며, 모공 밖으로 표출되는 머리카락을 모간부라고 하며, 엔도큐티필, 엑소큐티클, 에피큐티클로 구분한다.

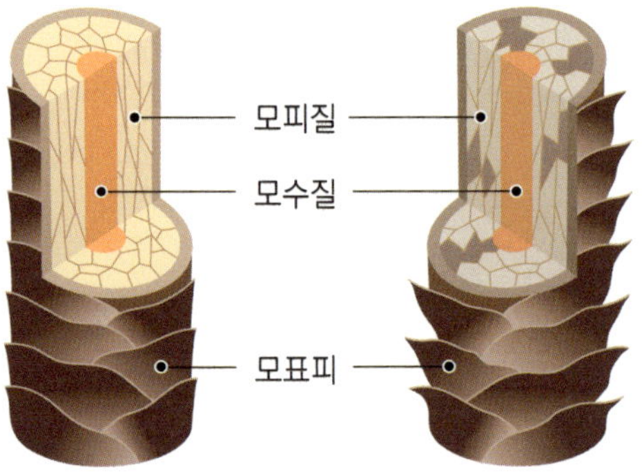

모발의 측면구조

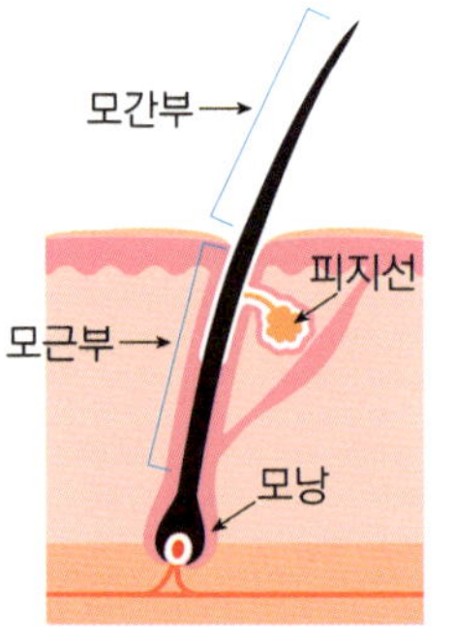

모발의 구조와 명칭

Activity 모발의 단면구조입니다. 빈 칸에 들어갈 단어를 예시에서 골라 기입해 보세요.

예시 : 모수질(Nedulla), 모표피(Cuticle), 모피질(Cortex)

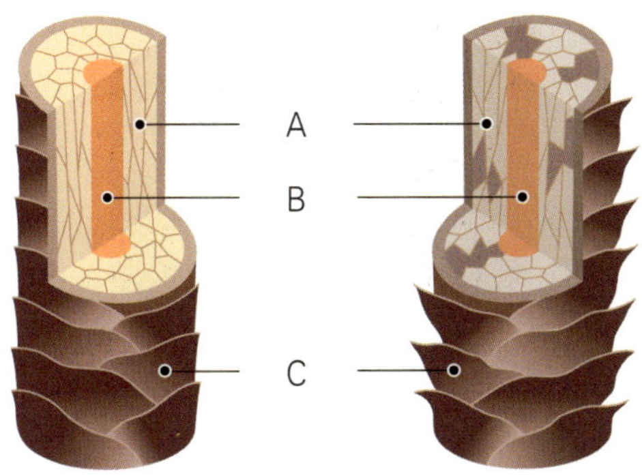

A	
B	
C	

Activity 다음 설명 중 맞으면 O, 틀리면 X를 기입해 보세요.

• 임신부의 모발은 계속 성장기만 있어서 탈모가 진행되지 않는다.	(　　)
• 탈모제품은 최소 6개월 이상 사용해야 효과가 있다.	(　　)
• 모피질(Cuticle) 사이에는 간충물질로 채워져 있어서 모발이 윤택하다.	(　　)
• 모수질(Medulla)는 성인에게만 있고 어린이에게는 없어서 헤어펌이 잘 되지 않는다.	(　　)
• 모발과 손톱은 죽은 세포이며, 단백질로 구성되어 있다.	(　　)
• 피부와 두피의 각화주기는 28일이다.	(　　)

2) 모발의 성분

모발의 구성 성분

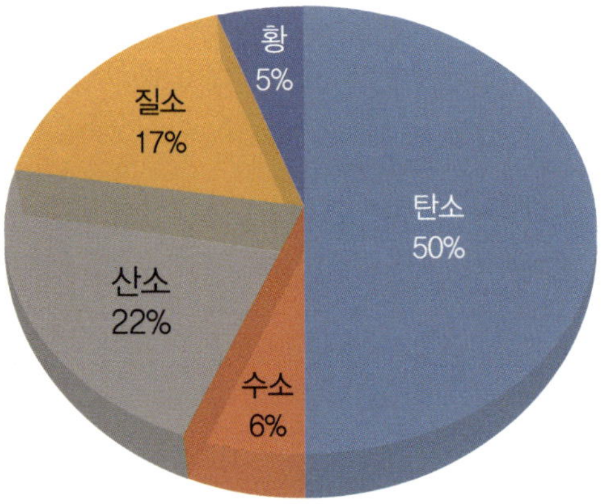

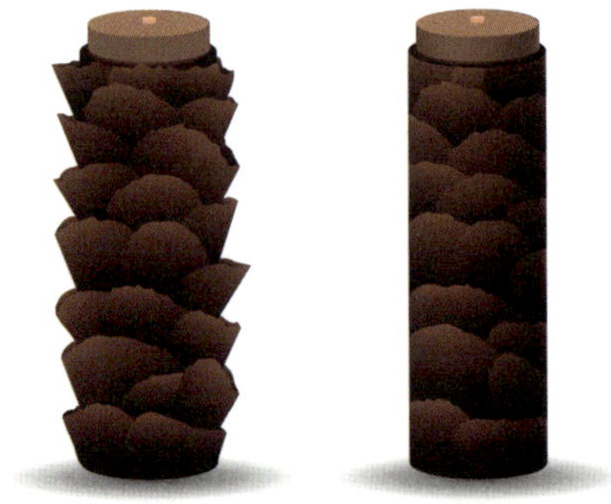

- 모발은 단백질인 아미노산으로 이루어져 있으며, 모발을 구성하는 이미노산은 대략 18가지이다. 모발을 구성하는 아미노산의 구성 원소로는 탄소(C) 50%, 산소(O) 22%, 질소(N) 17%, 수소(H) 6%, 황(S) 5%의 순서로 비중을 차지하고 있다.

토론 및 메모

3) 모발의 성장주기

① 모발의 성장주기는 개인 마다 차이가 있는데 대략 개별적인 특성 요인, 유전적인 요인과 후천적인 즉 환경적인 요인에 따라서 좌우된다. 개별 특성요인으로는 성별, 나이, 습관 등이 있고, 유전적인 요인으로는 부모의 유전인자를 그대로 받는 질병 유무 등이며, 후천적인 요인으로는 영양상태, 라이프스타일 전반에 따라 좌우된다.

구분	특징
성장기	• 모유두의 세포분열이 가장 왕성한 시기 • 약 3년~5년 기간이며, 월 평균 대략 1cm가 모발이 성장함(0.8~1.2cm) • 성장기: 남자: 3~5년, 여자: 4~6년 • 전체 모발의 85~90% 정도
퇴화기	• 세포분열이 차츰 줄어드는 시기 • 약 3~4주 기간이며 전체 모발의 1%~2%에 해당됨
휴지기	• 모발의 성장이 완전히 멈추는 시기 • 약 3~4개월 기간이며, 전체 모발의 약 5~10%에 해당됨
탈모기(신생모)	• 기존 모발의 탈모와 신생모의 교차 시기 • 정상적 탈모량은 일 평균 100개 정도이며, 외부환경적인 요인, 후천적인 요인에 따라 달라질 수 있음

② 모발은 성장과 퇴화, 탈락 등을 반복하면서 성장하게 되며, 모발의 성장주기는 다음과 같다.

모발의 구성 성분

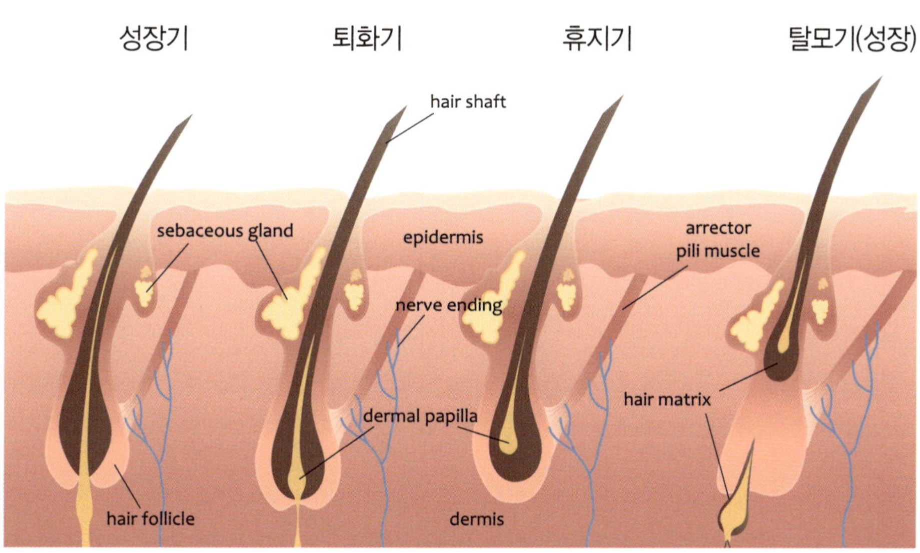

토론 및 메모

- 남자는 여자보다 왜 탈모가 진행될 확률이 높을까요?

PART

02 헤어염색의 이해

1. 헤어염색과 탈색의 이해
2. 염모제와 산화제의 이해
3. 언더코트와 반사빛의 이해
4. 컬러차트의 이해
5. 보색중화의 이해

1 헤어염색과 탈색의 이해

학습내용 헤어염색의 개념과 멜라닌색소에 대해서 학습한다.

1) 헤어염색의 이해

- '염색'의 사전적인 의미는 염료를 활용하여 실이나 천 따위에 물을 들이는 작업을 의미하며, 헤어염색 즉 헤어컬러는 모발의 색상을 염색약을 활용하여 모발 속에 있는 멜라닌 색소를 화학적으로 변화시키며, 다른 색상을 입히는 과정을 의미한다.
- 헤어염색을 잘 하려면 멜라닌 색소의 형성과정과 특성을 먼저 이해하는 것이 좋으며, 멜라닌 색소의 합성과정은 다음과 같다.

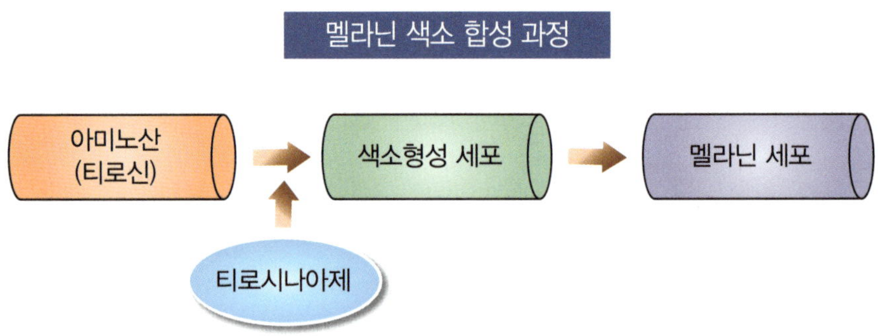

2) 멜라닌 색소

- 멜라닌은 흑갈색을 띠는 색소로 자외선의 침투를 차다하는 기능과 우리 몸의 체온을 유지해 주는 기능이 있으며, 멜라닌의 양에 따라 모발색과 피부색, 눈동자색 등이 결정된다.
- 멜라닌 색소는 멜라닌을 만드는 세포를 의미하며, 멜라닌의 색상이 흑갈색이므로 멜라닌 색소가 많으면 모발색과 피부색이 어둡다.
- 멜라닌 색소는 크게 입자형인 유멜라닌과 분사형인 페오멜라닌으로 구분되며, 우리 몸에는 두 가지의 멜라닌 색소가 공존하며, 인종 및 유전, 개인의 특성에 따라서 두 색소의 양과 비율이 다르다.
- 멜라닌 색소는 피부의 기저층에 존재하는 멜라노사이트가 자외선의 영향에 의해 생성되는 세포이며, 이때 생성되는 멜라닌 색소는 대부분 각질층에서 탈락되고 일부는 피부 내로 침투되어 소변으로 배출된다.

멜라닌 색소의 종류

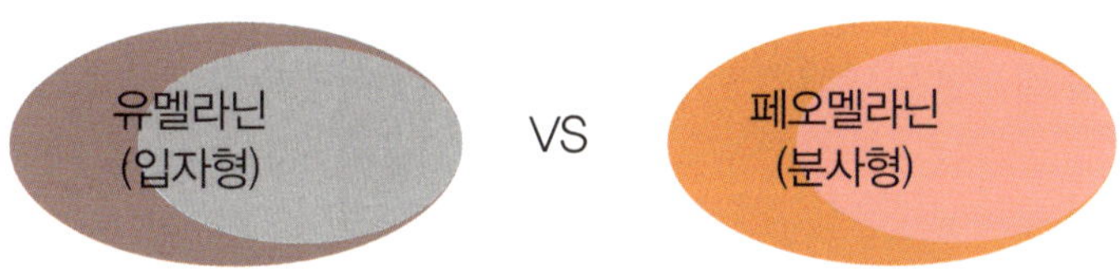

3) 탈색의 이해

• 탈색은 모발색상을 4레벨 이상 밝게 변화를 줄 때 사용하는 기법을 의미하고 영어로는 프리라이트닝(Pre-lightning)이라고 한다.

Activity 아래 빈칸에 들어갈 단어를 예시에서 골라 기입해 보세요.

예시 : 청색, 백색, 적색, 녹색

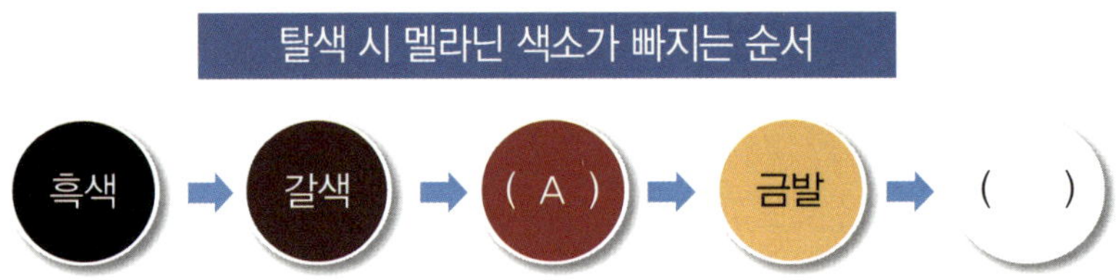

• 탈색과정에서 멜라닌 색소는 화학적 반응에 의해 색상이 순차적으로 변하게 되는데, 동양인의 모발색인 흑색 또는 갈색 모발은 탈색에 의해 멜라닌 색소가 탈락되며, 탈색과정에서 색상이 빠지는 순서는 다음과 같다.

탈색(프리라이트닝 프로세스)

* 산화제의 비율이 적으면 탈색제의 성질이 강해짐
* 탈색제는 색소가 없기 때문에 패치테스트 하지 않음

• 자연모를 탈색하는 프로세스는 다음과 같다. 탈색 시 주의할 점으로는 탈색제에 색소가 없어 패치테스트를 하지 않는다는 점, 열처리를 하지 않고 자연방치를 해야 된다는 점, 산화제의 비율이 적으면 탈색제의 성질이 강해진다는 점을 고려하여 얼룩이 없는 탈색을 해야 할 것이다.

① 자연모 탈색(프리라이트닝)하는 방법

- 가장 어두우 부분부터 도포
- 1제의 양이 많을수록 레벨 업이 잘 됨
- 15~20분 안에 도포를 마무리 함
- 4레벨 이상 명도를 밝게 할 때 적용
- 약이 도포되어 있을 때는 빗질을 하지 않음
- 두피에는 직접 탈색약이 닿지 않게 도포
- 탈색 후 염색약을 도포할 경우는 직연연장 6%산화제(20볼륨)으로 진행

※ 직연연장: 남아있는 약재+온수를 혼합하여 덧바르는 방법

토론 및 메모

- 탈색 시 열처리를 하지 않는 이유는 무엇일까요?

토론 및 메모

- 탈색 시 패치테스트를 하지 않는 이유는 무엇일까요?

Activity 다음 내용을 읽고 해당하는 색소의 이름을 예시에서 골라 기입해 보세요.

예시 : 유멜라닌, 페오멜라닌	
(　　　)	• 색상: 노랑색 또는 빨강색 • 황인종 또는 흑인종보다는 흰 피부를 가진 서양인에게 많음 • 입자: 멜라노솜 양이 적고 입자가 작으며, 화학적 구조가 튼튼하여 색소가 잘 파괴되지 않음 • 형태: 쌀모양의 작은 과립형
(　　　)	• 색상: 갈색 또는 검정색 • 흰 피부의 서양인보다는 황인종이나 흑인종에게 많음 • 입자: 멜라노솜 입자가 비교적 크나 화학적으로 쉽게 잘 파괴됨 • 헤어컬러링 시 먼저 파괴되는 색소 • 형태: 둥글거나 타원형

토론 및 메모 • 탈색 시 유멜라닌 색소가 페오멜라닌 색소보다 더 빨리 파괴되는 이유는 무엇일까요?

4) 헤어염색의 원리

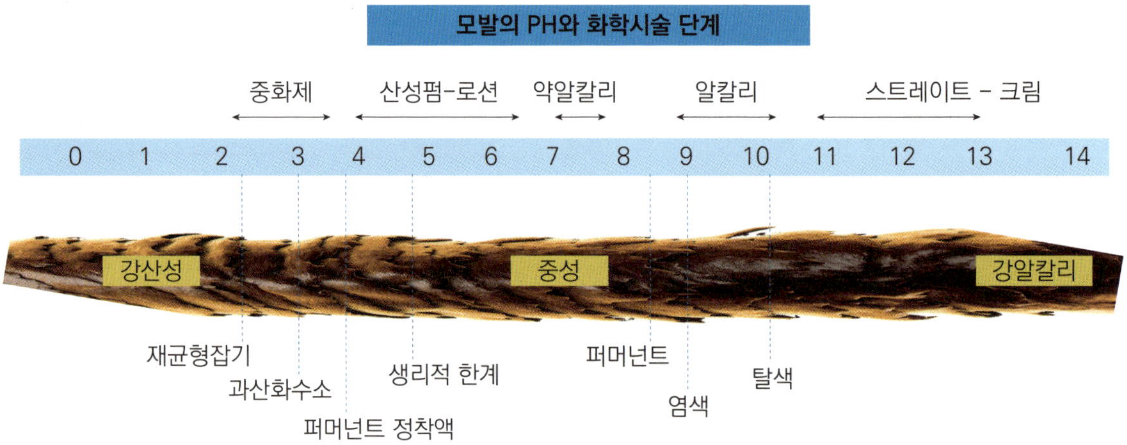

- 건강한 모발의 pH는 7레벨 정도로 모발의 pH는 화학시술과 밀접한 관련이 있으며, 각 단계에 따라서 모발의 pH성분이 변화되고 가능한 시술의 종류가 다르다.
- 헤어염색은 염모제 1제와 산화제 2제의 혼합으로 화학적 반응에 의해서 멜라닌 색소가 파괴되면서 발색이 되는 과정을 의미한다. 즉 헤어염색은 2제인 과산화수소가 산소에 의한 멜라닌 색소의 탈색과 제1인 염모제의 발색이 동시에 일어나는 원리이다.
- 헤어컬러에 사용되는 염모제(1제)와 산화제(2제)는 각각 성분이 달라서 하는 역할도 다르며, 두 제품의 사용량, 사용방법 등에 따라서 헤어컬러 결과색이 달라질 수 있다.
  - ▸ 염모제(1제): 알칼리 성분으로 모표피를 열어 염모제가 모발 속으로 침투될 수 있도록 돕는 역할을 하며, 염모제를 도포함으로써 원하는 색상을 발색하는 작용을 한다.
  - ▸ 산화제(2제): 염모제(1제)로 열어 놓은 모표피를 통해 모피질(Cortex)로 들어가 산소를 방출하고 그 안에 들어있는 멜라닌 색소를 파괴하는 역할을 한다. 이렇게 함으로써 원하는 색상의 모발색을 표현하는 것이 염색의 원리이다.

Activity 보편적인 헤어컬러링 시 1제와 2제의 비율을 예시에서 골라보세요.

예시 : 1:1, 1:2, 1:1.25

Activity 아래 내용을 읽어 보고 적합한 내용끼리 선을 그어 보세요.

토론 및 메모

• 헤어펌과 헤어컬러링의 시술결과가 좋으려면 모발의 어떤 부분이 건강해야 될까요?

예 모표피, 모수질, 모피질

토론 및 메모

• 그 이유는 무엇이라고 생각하십니까?

2 염모제와 산화제의 이해

학습내용 염모제와 산화제에 대해서 이해한다.

1) 염모제의 이해

(1) 염모제의 종류

- 염모제의 종류는 크게 일시적 염모제, 반영구 염모제, 반영구 염모제의 3가지로 구분한다.

Activity 아래 빈칸 A에 들어갈 단어를 예시에서 골라 기입해 보세요.

예시 : 산화제, 중화제, 영구 염모제

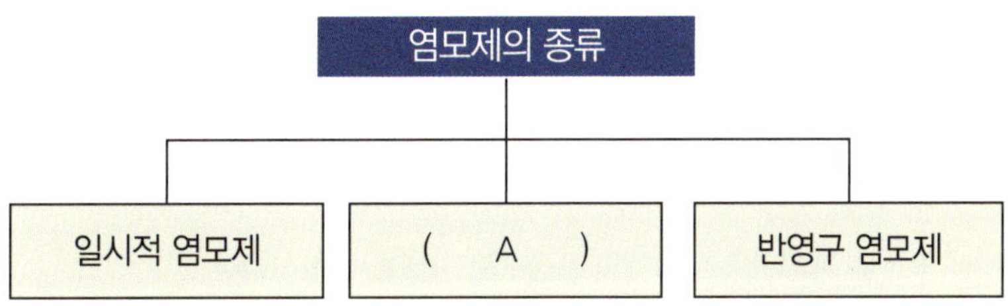

실습과정 메모

구분	특징
일시적 염모제	• 염모제 분자가 일시적으로 모표피(cuticle)층을 코팅하여 일시적으로 색상이 변하는 염모제 • 영구 염모제보다 약한 알칼리성 염료 • 모발손상이 없으며, 색상변화가 다양함 예 컬러무스, 컬러스프레이, 컬러샴푸, 컬러 마스카라, 컬러 젤 등
반영구 염모제	• 색소가 모표피와 모피질 일부에 작용하며 유지기간이 4~6주 정도 • 멜라닌 색소에 영향을 주지 못하여 모발색에 변화를 줄 수 없음 • 온도에 의해 염료의 흡착여부가 달라지므로 방치시간을 길게 두는 것이 좋음 • 알칼리에 약한 염료이므로 펌제에 의해 색상이 제거되기 쉬움 예 헤어 매니큐어, 헤어코팅 등
영구(산화) 염모제	• 암모니아를 포함한 일반적인 산화 염모제 • 모발색을 탈색시키고 인공색소를 착색시키는 염색 원리 • 모표피 층을 뚫고 침투하여 모피질까지 들어가서 모발색의 변화를 줌 • 알레르기 반응 예방을 위해 패치테스트 사전 실시 • 모발손상이 심하며, 시술 시 두피 온도 차이에 의한 얼룩 발생 우려

Activity 다음 설명 중 맞으면 O, 틀리면 X를 기입해 보세요.

• 반영구 염모제는 백모에 염색이 되지 않는다.	(　　)
• 영구 염모제는 멜라닌 색소를 파괴하고 염모제의 색상으로 모발을 변화시킨다.	(　　)
• 반영구 염모제는 멜라닌 색소가 그대로 유지되고, 모발색상에 변화를 준다.	(　　)
• 일시적 염모제도 자주 사용하면 모발이 손상된다.	(　　)

실습과정 메모

(2) 영구 염모제 발색원리

- 염모제 도포 후 30분 경과 후부터 멜라닌색소가 탈락되는 원리로 표현하고자 하는 염모제의 색상을 최소 30~40분 동안 자연 방치해야 한다.

- 헤어염색 프로세스는 탈색(산화)이 되면서 발색이 되기까지 거의 1시간~1시간 10분 정도가 소요되며, 이는 모발의 컨디션, 약액의 도포량, 작용시간, 온도, 기타 날씨, 습도, 환경, 염색 스킬 등에 따라서 시술결과물이 달라질 수 있다.

- 헤어염색의 결과는 자연모 언더코트의 색상과 도포한 색상의 결과로 발색이 된다. 헤어염색의 발색은 탈색(산화)이 되면서 기존 모발의 색소가 사라지고 레벨 업이 되고, 그 부분에 인공색소가 침투되면서 모발에 염료가 안착되기 시작한다. 그리고 조제한 결과색이 나타나기 시작하면서 헤어염색이 이루어진다.

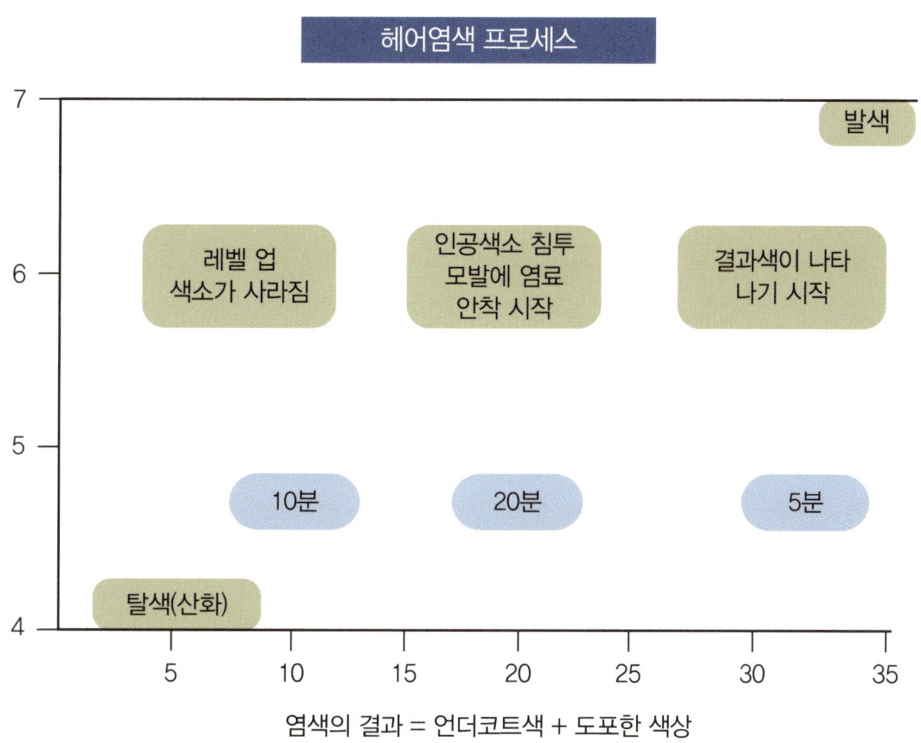

(3) 영구 염모제의 성분과 역할

• 헤어컬러링 연출 시 영구 염모제 1제와 2제의 혼합으로 얻고자 하는 컬러를 발색한다.

1제와 2제의 핵심역할

1제와 2제의 혼합 비율을 다르게 하면 발색되는 색상의 변화를 줄 수 있음
▶ 색상을 진하게 하고 싶을 때: 1제의 양을 늘림
▶ 2제의 양을 늘리는 것: 2제에 함유된 과산화수소가 멜라닌색소의 파괴에 도움을 줌

1제 알카리염모제 + 2제 과산화수소 ➡ 발색 컬러

성분		역할	비고
산화염료	p-페닐렌디아민	새치 커버용 제품에 주로 함유	명도에 영향
	p-아미노페놀	8~10 레벨 제품에 주로 함유	
	황산 톨루엔 2.5디아민	7~9레벨 제품에 주로 함유	
색소 중간체		색조변화에 도움	채도에 영향
알칼리제		모발을 팽윤시켜 색소 침투를 도움	암모니아수, 계면활성제
산화방지제		아황산나트륨	환원작용
안정제		금속이온에 의한 과산화수소의 분해방지	
아미노 화합물		모발 손상 방지	
비이온수			

성분	역할
과산화수소	제1제의 알칼리 성분과 혼합되어 산소를 발생시키고 멜라닌 색소를 파괴함
안정제	금속이온에 의한 과산화수소의 분해를 방지
pH 조절제	과산화수소의 역할을 안정화 되게 도움
계면활성제	색소분산, 기포제, 세정제의 역할
비이온수	

• 선호하는 헤어컬러를 얻기 위해서는 알칼리 성분인 1제와 산화제인 2제의 역할이 매우 중요하고, 두 제품은 각자 다른 작용을 한다.

• 선호하는 헤어컬러를 얻기 위해서는 알칼리 성분인 1제와 산화제인 2제의 역할이 매우 중요하고, 두 제품은 각자 다른 작용을 한다.

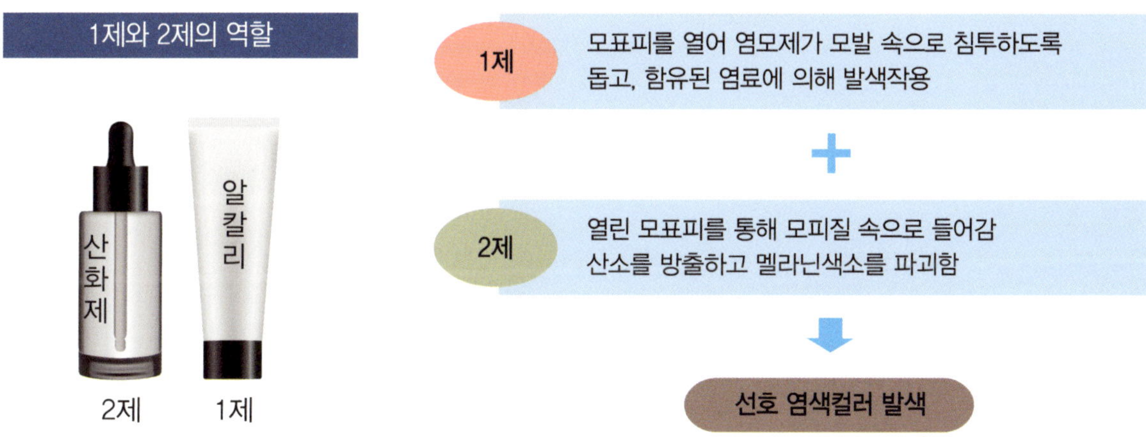

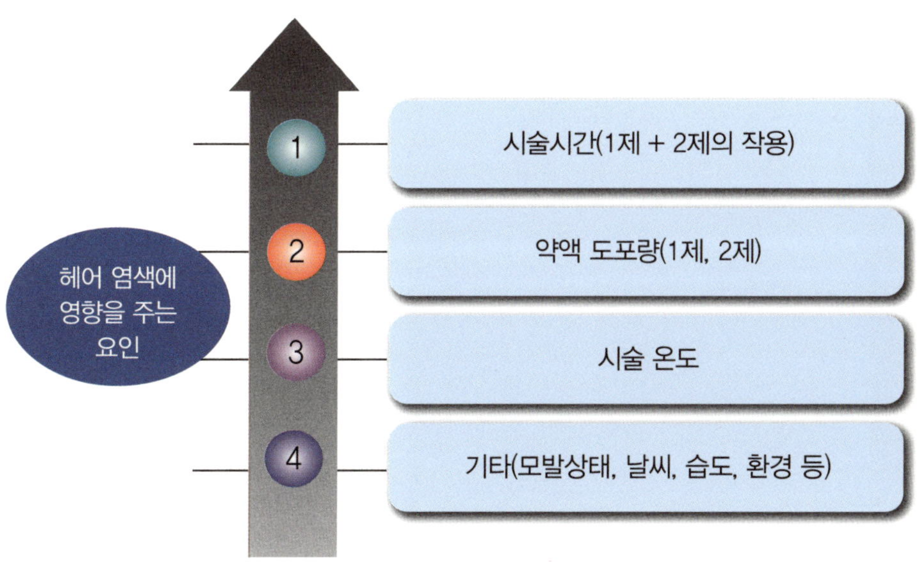

토론 및 메모

- 헤어염색 시 약액의 도포량에 따라 무엇이 결정될까요?

토론 및 메모

- 헤어염색과 시술 온도는 어떤 관련성이 있을까요?

2) 산화제의 이해

(1) 산화제의 정의

- 헤어염색 시 2제에 해당하는 산화제는 모피질(Cuticle)층에 있는 멜라닌 색소를 파괴하는 역할을 하며, 이를 파괴함으로써 염모제가 모발 안으로 들어가서 원하는 색상을 착색시키는 작용을 한다.
- 산화제는 과산화수소이며, 물과 산소로 구성되어 있으며, 산화제의 표기방법은 '%'를 사용한다. 100g의 용액에 과산화수소의 양에 따라 3% 산화제, 6% 산화제, 9% 산화제, 12% 산화제로 명칭한다.
- 산화제의 또 다른 표기방법으로 볼륨(Volume)을 사용하는데, 이는 부피의 단위로 과산화수소에 함유된 산소의 양을 의미한다.
- 산화제는 보편적으로 6%를 가장 많이 사용한다. 6% 산화제에는 20배에 해당하는 산소가 함유되어 있고, 9%의 산화제에는 30배에 해당하는 산소가 함유되어 있으며, 12% 산화제에는 40배에 해당하는 산소가 들어있는데, 이는 주로 산화제 속 산소의 양이 많아 모발을 산화시키는 역할을 한다.
- 산화제는 과산화수소의 양에 따라 몇 % 산화제인지 또는 몇 볼륨의 산화제인지가 결정되고, 그 종류에 따라 헤어염색에 사용되는 용도가 달라진다.

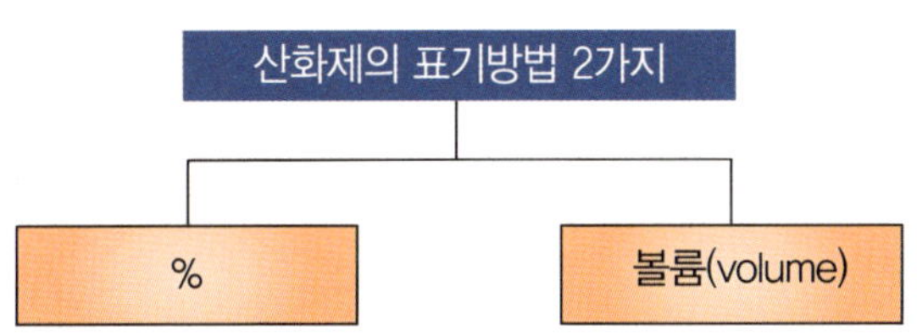

산화제 표기방법 예시

- 3% 산화제(=10볼륨) → 톤온톤 염색
- 6% 산화제(=20볼륨) → 모발 명도 2레벨 업
- 9% 산화제(30볼륨) → 모발 명도 3레벨 업
- 12% 산화제(40볼륨) → 모발 명도 4레벨 업

헤어염색을 하기 위해 필요한 성분		
알칼리 성분	**산화제**	**인공색소**
• 암모니아/MEA • 산소발생 촉진 • 큐티클 오픈(약액 침투를 도움)	• 과산화수소 • 물(O_2) • 산소방출 • 농도에 따른 산화력	• 프리 커서 상태(발색이 안 된 상태) • 산소를 통해서 발색 • 명도와 반사빛을 표현함

• 자연모를 레벨 업 할 때 몇 레벨을 업 또는 다운할 것인지를 고려하여 산화제를 선택해야 한다. 그리고 원래 모발이 몇 레벨인지를 확인하고, 그 모발의 언더코트도 숙지해야 하며, 반사빛을 제거한다면 보색중화를 위한 보색도 이해해야 한다.

산화제 종류에 따른 사용법
(자연모 기준)

10vol:3% 산화제
- 새치, 백모염색 시 톤온톤 염색
- 레벨 업 효과는 거의 없음
- 반사빛 부여
- 레벨 다운 시 사용
- 컬러톤을 1~2톤 다운시킬 때 사용
- 탈색모에 컬러 표현 시 사용

20vol:6% 산화제
- 가장 많이 사용하는 산화제
- 명도 1~2 레벨 업
- 주로 레벨 업 용도
- 레벨 유지 기능 (백모인 경우)
- 새치, 멋내기, 백모

30vol:9% 산화제
- 명도 2~3 레벨 업
- 주로 레벨 업 용도
- 하이라이트 기법, 가발 염색, 탈색 시 사용
- 탈색력이 강하므로 피부에 닿지 않도록 주의

40vol:12% 산화제
- 최대 4 레벨 업
- 국내에선 거의 사용하지 않음
- 탈색(프리라이트닝) 시 사용함
- 레벨 업 시 탈색제와 혼합 사용함
- 두피에 닿으면 화상의 우려가 있음
- 하이라이트 기법, 가발 염색
- 탈력색이 매우 우수

Activity 자연모를 레벨 업 했을 때 ABCD 괄호 안에 들어갈 단어를 기입해 보세요.

예시 : 20볼륨(6%), 30볼륨(9%), 10볼륨(톤온톤), 40볼륨(12%)

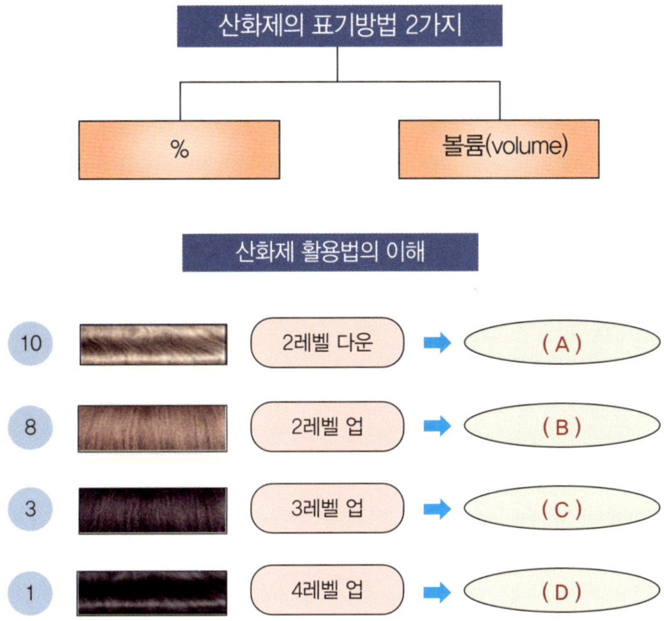

토론 및 메모 • 헤어염색 시 가장 많이 사용하고 있는 산화제는 몇%(볼륨)일까요?

3 언더코트와 반사빛의 이해

학습내용 자연모 레벨과 언더코트에 대해서 이해한다.

1) 언더코트

(1) 자연모 레벨(Natural hair level)

- 자연모는 헤어염색 또는 탈색을 하지 않은 생머리를 의미하며, 모발의 색상은 멜라닌색소의 양에 따라 결정되고, 인종, 유전 등에 따라 다르다.
- 자연모의 레벨은 1~10까지로 구분되며, 숫자가 작을수록 어두운 색상이다. 1단계는 블랙을 의미하고, 10단계는 금색을 의미한다.
- 동양인의 경우 멜라닌색소, 특히 어두운 색상을 띄는 유멜라닌이 많아 모발색상이 대체적으로 어두우며, 레벨로는 2~4단계이고, 서양인의 경우는 밝은 색소인 페오멜라닌이 많아 6~10정도의 명도가 많다.

(2) 언더코트(Under coat)의 이해

언더코트 이해하기

레벨	색상	레벨	언더코트
10	금색	10	아주 밝은노랑
9	아주 밝은 황갈색	9	밝은노랑
8	밝은 황갈색	8	노랑
7	황갈색	7	노랑오렌지
6	어두운 황갈색	6	오렌지
5	밝은 갈색	5	붉은 오렌지
4	갈색	4	빨강
3	어두운 갈색	3	빨강
2	아주 어두운 갈색	2	빨강
1	흑색	1	빨강

- 언더코트: 헤어염색 시 1제와 2제의 혼합으로 자연 멜라닌 색소가 산화되면서 자연스럽게 드러나는 색상을 의미함

- 염색약이 산화되면서 한색계열인 블루계열은 없어지고 난색계열인 따뜻한 색상만 남아서 빨강, 오렌지, 노랑의 색상이 남은 결과
- 신생모의 모발색 측정기준은 네이프와 탑 부분의 모발색을 보고 스케일 진단키와 가장 유사한 컬러를 진단하여 본인의 자연모의 레벨을 진단하는 것이 정확하다.

자연모 언더코트 명칭

염모제 넘버링 해석법

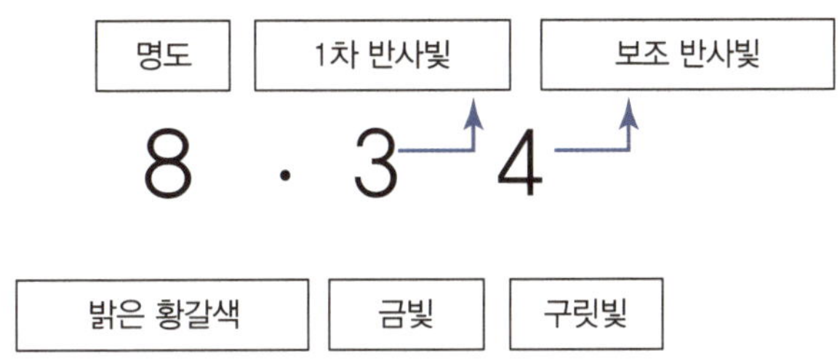

해석: 구릿빛 금빛 밝은 황갈색

실습과정 메모

Activity 자연모 레벨스케일로 자신의 모발 레벨을 진단해 보세요.

모발 스케일 진단하기

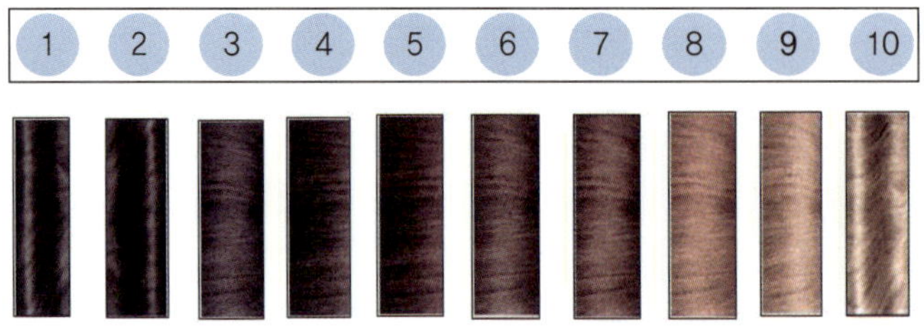

실습과정 메모

Activity 자연모를 레벨 업 했을 때 ABCD 괄호 안에 들어갈 숫자를 기입해 보세요.

예시 : 4, 5, 6, 7, 8

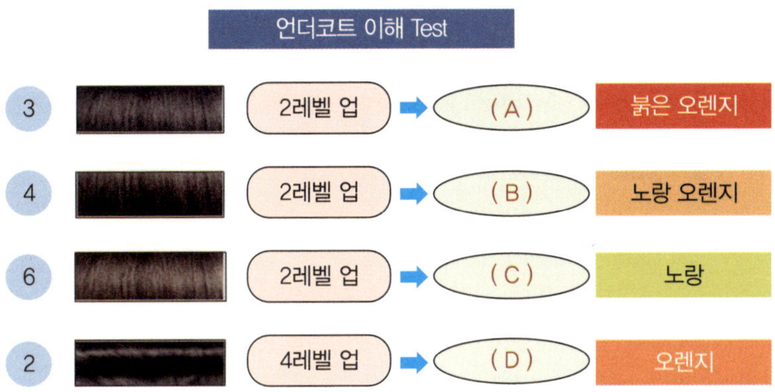

- 헤어염색을 할 때 자신의 자연 모발색을 진단하고, 모발색을 레벨 업을 할 때 언더코트의 색상을 이해하는 것이 중요하고, 이를 이해함으로써 염모제의 반사빛은 물론 보색중화를 적용하고 이해하기가 쉽다.

실습과정 메모

(3) 반사빛의 이해

학습내용 반사빛에 대해서 이해한다.

- 헤어염색 시 반사빛의 의미는 매우 중요하고, 반사빛을 이해함으로써 보색중화를 할 수 있다. 반사빛은 색의 음영과 온도감, 색의 이미지 등을 내포하고 있으며, 헤어컬러 표현 시 한 가지 염색컬러에 1개 또는 2개의 반사빛을 사용하기도 한다.
- 염모제의 반사빛은 제품회사마다 차이가 있을 수 있으며, 보편적으로 잿빛=1, 보랏빛=2, 황금빛=3, 구릿빛=4, 자주빛=5, 붉은빛=6으로 표기하는 것은 비슷하게 통용되고 있다.

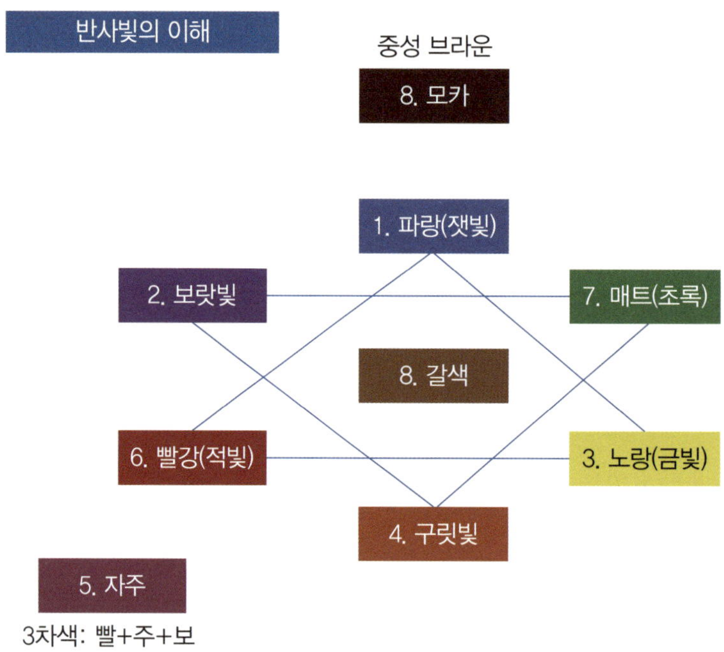

(출처: L'Oreal)

Activity 괄호 안에 들어갈 단어를 아래 예시에서 골라 기입해 보세요.

예시 : 염모제, 산화제, 도포한 색상

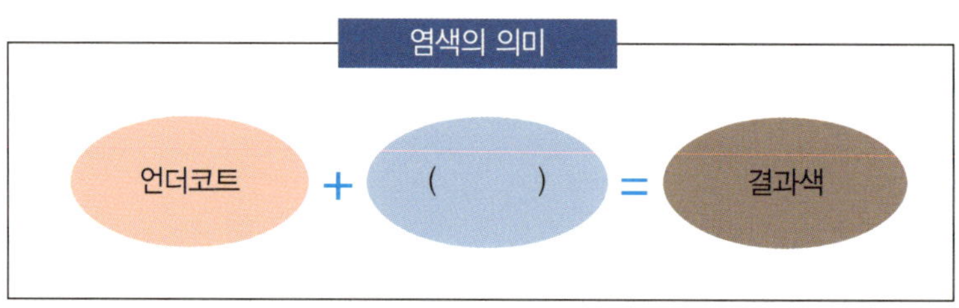

Activity 오른쪽 괄호 A, B, C 안에 들어갈 단어를 아래 예시에서 골라 기입해 보세요.

예시 : 초록, 보라, 주황

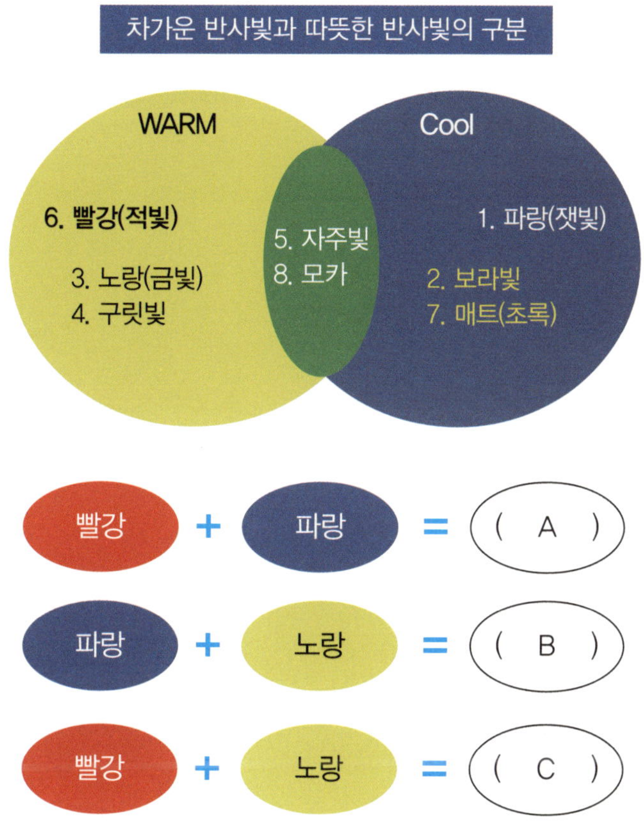

토론 및 메모

- 헤어펌이나 염색모발이 시간이 흐름에 따라 점점 밝아지는 이유는 무엇일까요?

토론 및 메모

- 헤어염색 시 반사빛은 왜 중요할까요?

(4) 반사빛의 변화

- 반사빛의 변화를 활용한 헤어컬러 테크닉은 4가지가 있다. 명도만 조절하는 뿌리염색, 명도와 채도를 동시에 조절하는 톤온톤 염색, 레벨 업, 레벨 다운이 있다.

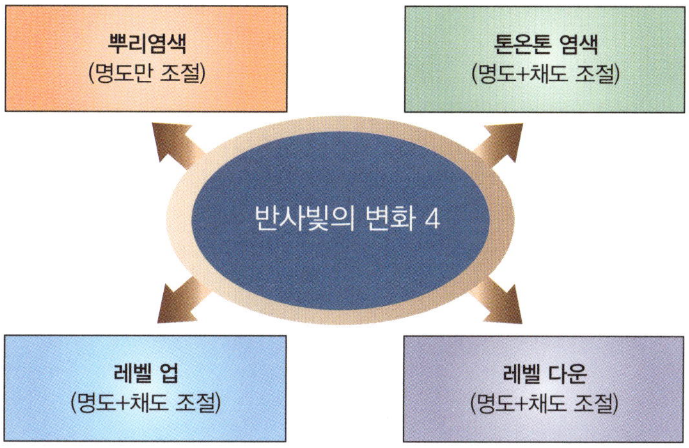

- 반사빛의 변화를 이해하기 위해서는 색상의 일치성을 판단하는 능력이 중요하다. 반사빛의 일치성이란 기존 염색된 헤어컬러를 새로운 컬러로 바꾸고자 할 때 색상이 변화될 수 있는지를 판단하는 기준을 의미한다.

- 즉 일치성 여부를 판단하는 것은 기존 모발에 남아있는 반사빛 컬러가 새롭게 표현하려고 하는 반사빛 컬러보다 더 강하면 희망하는 반사빛의 컬러를 표현할 수가 없다.

반사빛의 일치성 판단기준

- 반사빛이 강하면 일치성이 있고, 반사빛이 약하면 대부분 일치성이 없다.
- 염모제 넘버링의 주 반사빛이 일치하더라도, 보조 반사빛이 일치하지 않으면 일치성 없음으로 판단한다.
- 기존 색상이 염색할 색상보다 연하면 일치성이 있다고 판단한다.

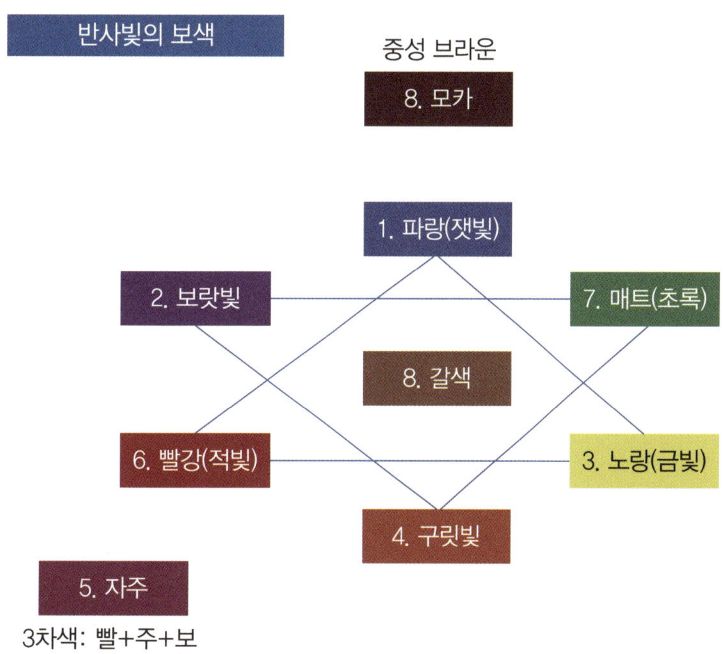

(출처: L'Oreal)

• 기존 컬러와 신생 컬러의 반사빛이 일치성이 있는 경우는 클렌징 과정을 생략하지만, 그렇지 않은 경우, 즉 일치성 불일치의 경우는 클렌징 과정이 필수적으로 필요하다.

반사빛의 일치성 판단법

남아있는 반사빛		희망하는 반사빛		일치성 있음	일치성 없음
코퍼	.4	레드	.6	0	
매트	.7	골드	.3		0
애시	.1	골드	.3		0
바이올렛	.2	레드	.6		0
모카	.8	마호가니	.5		0
오렌지	.4	골드	.3		0
레드	.6	바이올렛	.2		0
애시	.1	레드	.6		0
마호가니	.5	골드	.3		0
바이올렛	.2	코퍼	.4		0
코퍼	.4	마호가니	.5	0	
골드	.3	마호가니	.5	0	
코퍼	.4	애시	.1		0
마호가니	.5	모카	.8		0
레드	.6	코퍼	.4		0

연연장의 시술 구분와 시술방법

언더코트	남아있는 색상	희망색	일치성 있음	일치성 없음
밝은 황갈색	8.13	8.34		0
어두운 황갈색	6.1	6.45		0
어두운 황갈색	6.34	6.46	0	
밝은 갈색	5.12	5.52		0
황갈색	7.13	7.43		0
황갈색	7.43	7.13		0
밝은 갈색	5.4	5.45	0	

※ 언더코트 색상을 먼저 이해하고, 반사빛, 보조 반사빛의 색상을 해석하여 일치도를 판단함

※ 염모제 넘버링의 숫자를 해석할 때는 뒷자리부터 앞으로 해석하고, 표기는 명도, 반사빛, 보조 반사빛 순으로 기재함

(5) 반사빛의 일치여부에 따른 재염색법(Recolorization)

- 기염모와 희망컬러를 표현할 때 재염색을 하게 된다. 재염색이란 염색 후 새로 자라난 모발 즉 신생모를 기염모와 동일한 컬러로 명도와 채도를 맞추는 것을 의미한다. 이때 주의할 점이 기존 컬러와 희망컬러와의 반사빛의 일치성 여부이다.

- 기염모와 희망컬러가 일치성이 맞지 않으면 새롭게 도포하는 염색컬러와 기염모가 매치되지 않고 오버랩되어 전혀 다른 색감의 염색컬러가 발색되기 때문이다. 따라서 재염색을 하기 전에 기염모와 희망컬러의 일치성 여부를 필수적으로 체크하는 것이 중요하다.

- 재염색을 하는 방법은 크게 3가지로 구분되며, 이는 재염색을 함으로써 모발 손상을 최소화하고, 기염모와 신생모의 염색색상을 동일하게 표현하는 데에 목적이 있다.

구분	기염모 퇴색 상황	염색약 도포시기	시술시간
직연연장	퇴색 많음	신생모 도포 직후 바로 연결해서 도포	자연방치 30~35분
반연연장	중간 정도 퇴색	신생모 도포 15~20분 후 도포	자연방치 15~20분
종연연장	거의 퇴색 없음	신생모 도포 30분 후 도포	자연방치 5분

반사빛의 일치성이 있을 경우

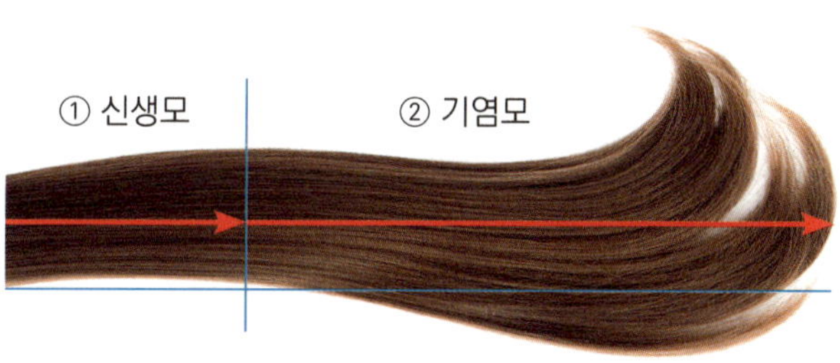

직연연장 하는 방법

- 바로 염색 가능한 모
- 신생모: 1+2제 도포
- 기염부: 남은 액체(1+2)+ 미온수 10%도포(자연방치 35분)
- 신생모에 30vol을 사용했더라도 직연연장은 20vol 사용
- 연연장은 방치시간은 퇴색정도에 따라 조절가능함

반사빛의 일치성이 없는 경우

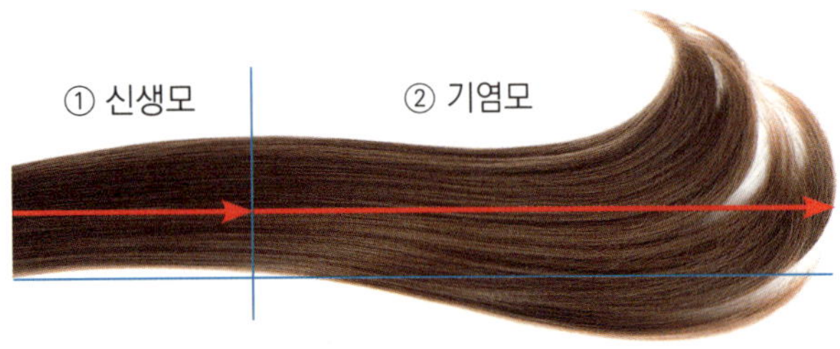

클렌징 하는 방법

- 클렌징 제품에는 탈색약 함유
- 1회 클렌징으로 산소가 남아 있을 때는 물로 헹구고 한 번 더 클렌징 함(색소가 다 빠질 때까지)
- 클렌징 후 재염색 도포방법: 항상 직연연장으로 함(프리라이트닝(탈색) 기법과 동일)

실습과정 메모

재염색 연연장의 시술방법	
1. 직연연장(기염모의 퇴색이 많은 경우) – ①신생모: 희망염모제(1제)+산화제20vol(6%)를 혼합해서 도포 – ②기염모: 남은 염모제+온수(10~15ml)를 혼합해서 도포 – 방치시간: 30~35분 자연방치	직연연장 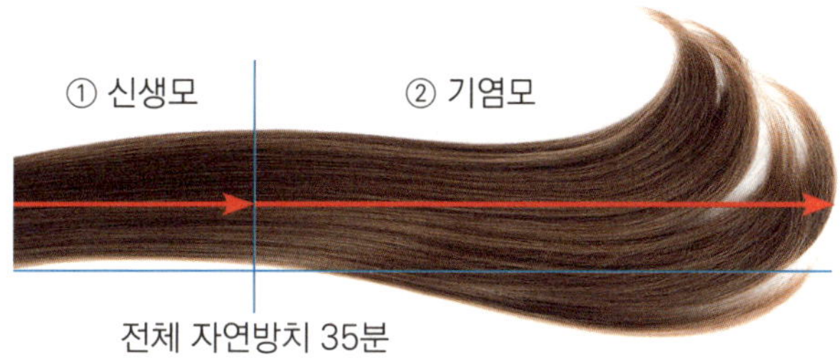
2. 반연연장(중간 정도 퇴색인 경우) – ①신생모: 희망염모제(1제)+산화제20vol(6%)를 혼합해서 도포 – 방치시간: 15~20분 자연방치 – ②기염모: 남은 염모제+온수(10~15ml)를 혼합해서 도포 – 방치시간: 15~20분 자연방치	반연연장 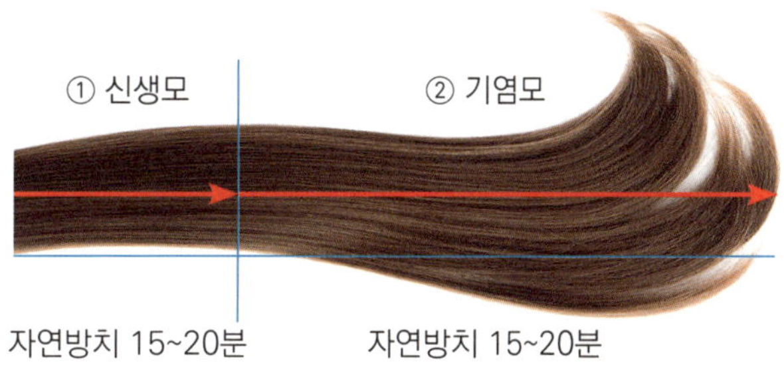
3. 종연연장(퇴색이 거의 없는 경우) 종연연장은 클렌징(에멀전)으로 대체하여 시술하기도 함 – ①신생모: 희망염모제(1제)+산화제20vol(6%)를 혼합해서 도포 – 방치시간: 30분 자연방치 – ②기염모: 남은 염모제+온수(10~15ml)를 혼합해서 도포 – 방치시간: 5분 자연방치	종연연장 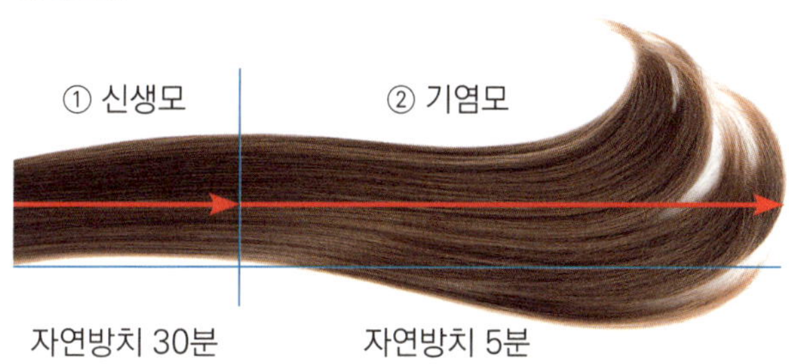

염색 Tip : 신생모에 희망색을 표현하기 위해 30vol산화제를 사용하였다면, 기염모는 이미 퇴색이 되어 있는 상태라서 사용했던 염모제를 사용하면 안 됨. 기염모 부분에는 20vol산화제+1제+온수를 혼합해서 연연장으로 사용하는 것이 얼룩없이 자연스럽게 색상을 표현할 수 있음

실습과정 메모

토론 및 메모 • 직연연장 기법은 어떻게 시술할까요?

토론 및 메모

- 반연연장 기법은 어떻게 시술할까요?

토론 및 메모

- 종연연장 기법은 어떻게 시술할까요?

(6) 클렌징 테크닉

구분	제품특성 및 시술방법
	▶ 블론드 파우더 – 사용방법: 블론드 파우더산화제, 산화제, 온수, 샴푸를 사용하여 비율조정 블론드 파우더, 20vol산화제(6%), 온수, 샴푸=(1:1:1:1) – 시술효과: 파우더 타입으로 빠르고 쉬운 사용감이 장점이며, 더욱 강력해진 프로케라틴으로 모발 손상을 방지해 줌 – 보편적인 탈색 시 파우더 타입을 사용
	▶ 블론드 페이스트 – 사용방법: 블론드 파우더산화제, 산화제, 온수, 샴푸를 사용하여 비율조정 블론드 파우더, 20vol산화제(6%), 온수, 샴푸=(1:3:1:1) – 시술효과: 페이스트 타입은 뉴트리세라마이드와 화이트 벌집왁스(자연오일)성분이 모발의 큐티클 손상을 막아주며, 부드러움과 모발의 광택을 부여해주는 기능 – 옴브레, 발리아쥬 등과 같은 디자인 컬러의 탈색 시 사용
클렌징 테크닉 순서	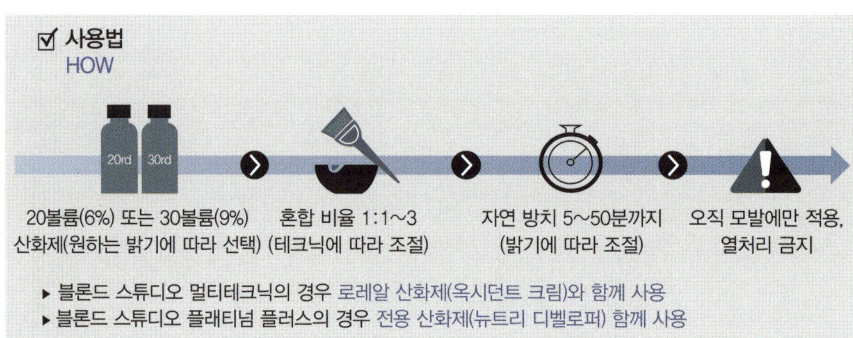
클렌징 시술 시 테크닉 요령	스텝 1: 8ml(30g 기준) 10분 방치 → 헹굼 → 10분 방치 → 샴푸 + 컨디셔너로 헹굼 ▶클렌징 시 주의사항 – 섹션은 균일하게 – 도포는 균일하고 충분하게 바르기 – 마사지는 부드럽고 빠르게 – 자연방치는 최대 20분을 넘지 않게(중간 중간 체크하기) – 탈색은 기본 50분

(출처: L'Oreal)

• 클렌징 제품은 크게 페이스트 타입과 파우더 타입 두 유형으로 구분된다(L'Oreal(로레알))사 기준). 하고자 하는 염색에 따라서 사전 작업하는 탈색제품의 제형이 달라진다.

1단계 클렌징(반사빛 제거)	2단계 클렌징(딥클렌징: 탈색)
블론드스튜디오 탈색제: 산화제 20vol:온수: 샴푸 페이스트 타입: 1:3:1:1 파우더 타입: 1:1:1:1 ※ 자연방치 20분	블론드스튜디오 탈색제:20 또는 30vol산화제 페이스트 타입: 1:1 or 1:3 ※ 자연방치 50분 ※ 마사지 없이 균일하게 도포하는 것이 포인트
※ 1단계와 2단계의 차이점 – 산화제의 사이(20vol 또는 30vol을 선택) – 방치시간의 차이(1단계; 20분, 2단계:50분) – 마사지의 여부 차이(1단계: 부드럽게 마사지, 2단계: 마사지 생략)	

• 클렌징 방법은 1단계와 2단계로 구분하며, 반사빛의 일치성 여부에 따라 달라지게 된다. 기존 염색 컬러와 새로 염색을 희망하는 컬러가 일치성이 있으면 클렌징을 하고, 없으면 클렌징은 불필요하다.

토론 및 메모 • 클렌징 1단계와 2단계의 시술방법의 차이는 무엇일까요?

토론 및 메모 • 클렌징 테크닉 방법에 대해서 기술해 보세요.

4 컬러차트의 이해

학습내용 컬러차트 넘버링 시스템에 대해서 이해한다.

1) 컬러차트 넘버링의 이해

- 헤어염모제 넘버링의 표기는 명도, 주 반사빛, 보조 반사빛을 의미한다. 컬러차트를 이해하기 위해서는 색채도표를 숙지해야 하는데, 이는 색상의 고유 영역을 표현하기 위한 모발염색의 표본이다.
- 헤어염색에 사용되는 색채도표는 염모제 제품회사마다 차이는 있으나, 기본적으로는 색의 3속성인 색상, 명도, 채도를 바탕으로 한다.
- 헤어염모제의 표기법으로는 명도/반사빛(1차 반사빛)/보조 반사빛(2차 반사빛)의 순서로 국제적으로 통용되고 있다.

출처: 로레알(L'Oreal)

예시: 8.34의 염모제는 8레벨의 언더코트인 밝은 황갈색, 3의 반사빛인 금빛, 4의 보조 반사빛인 구릿빛 색상으로 읽는 순서는 숫자의 거꾸로부터 해석하고 기록할 때는 앞에서부터 기록한다. 따라서 8.34는 구릿빛, 금빛, 밝은 황갈색의 염모제를 의미한다.

- **염모제 넘버링 숫자의 의미와 읽는 방법**
  염모제의 숫자를 읽을 때는 뒷 숫자의 의미부터, 표기는 앞에서부터 숫자 순서대로 기재하면 됨

- **염모제 숫자의 의미 해석하는 순서**
  ① 8의 언더코트 색상 알기
  ② .3의 반사빛 알기
  ③ .4의 보조 반사빛 알기
  이를 조합하여 8.34의 색상 읽기
  즉, 8.34=구릿빛, 금빛, 밝은 황갈색

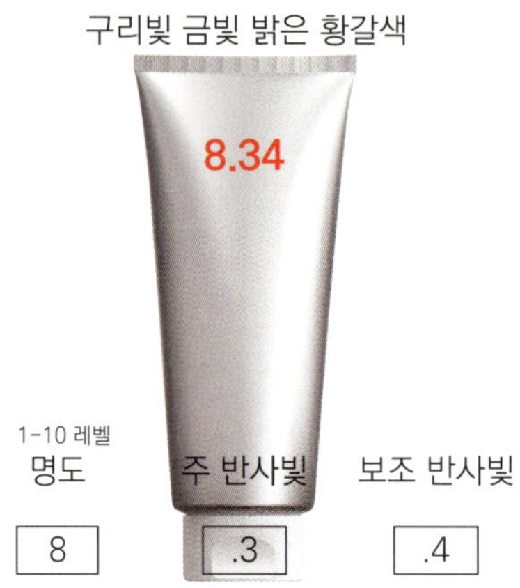

영구 염모제를 살펴보면 숫자가 있는데 숫자의 의미는 언더코트의 색상, 반사빛, 보조 반사빛의 의미이다. 다양한 반사빛을 이해하기 위한 넘버링의 의미는 다음과 같다.

다양한 반사빛의 이해

다양한 반사빛의 이해

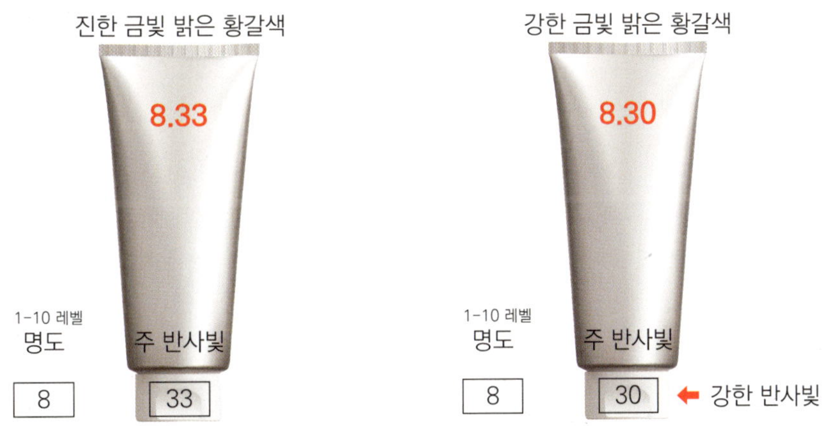

다양한 반사빛의 숫자의 의미

- 8은 명도이고, 8의 언더코트 : 밝은 황갈색
- .3: .3의 1차 반사빛 색상 = 금빛
- .03: .03의 1차 반사빛 색상 = 자연스러운
- .33: .33의 1차 1반사빛 색상 = 진한
- .30: .30의 1차 반사빛 색상 = 강한

Activity 염모제의 숫자를 보고 어떤 색상인지 예시에서 골라 기입해 보세요.

예시 : 금빛 밝은 황갈색, 금빛 구릿빛 황갈색, 자주 구릿빛 어두운 갈색, 진한 잿빛 황갈색

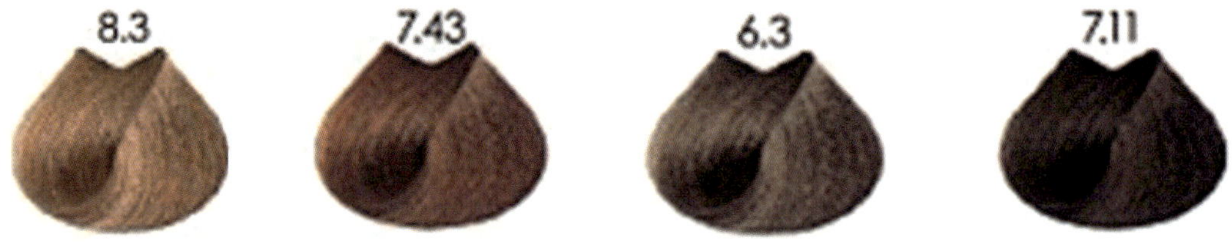

예시 : 금빛 밝은 황갈색, 잿빛 금빛 금색, 자주 구릿빛 어두운 갈색, 잿빛 황갈색

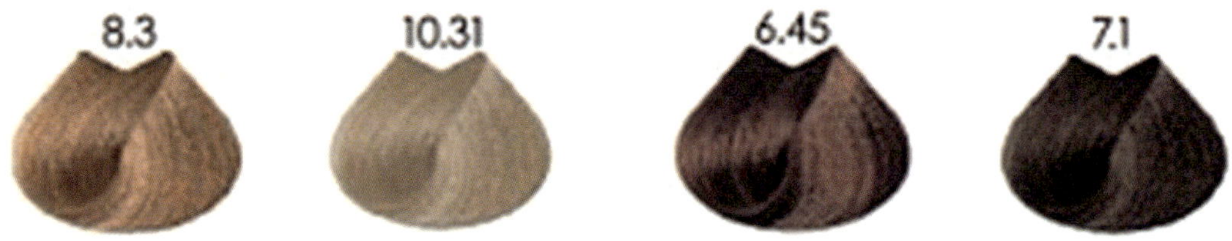

예시 : 진한 적빛 어두운 황갈색, 강한 보랏빛 밝은 갈색, 진한 보랏빛 아주 밝은 황갈색,
잿빛 보랏빛 아주 밝은 황갈색

예시 : 보라 자줏빛 어두운 황갈색, 자연스럽고 매트한 어두운 황갈색,
자연스럽고 매트한 아주 밝은 황갈색, 금색

출처: L'Oreal(로레알) 마지렐 컬러차트표

2) 자연모/언더코트/보색의 관련성

염구 염모제로 헤어염색을 하기 위해서는 알아야 하는 세 가지가 있는데, 이는 자연모, 언더코트, 보색의 의미를 이해해야 한다. 자연모의 레벨을 알아야 레벨 업 또는 레벨 다운을 할 수가 있고, 언더코트를 알아야 반사빛을 제거하는 보색을 적용할 수가 있다.

5 보색중화의 이해

학습내용 보색과 중화에 대해서 이해한다.

- 보색중화를 하기 위해서는 보색의 개념을 먼저 이해해야 한다. 보색은 색상환에서 서로 마주 보는 반대색을 의미하는데, 이는 헤어컬러의 반사빛을 제거할 때 보색을 활용하여 원래의 반사빛을 제거한다.
- 보색의 중화원리는 원색과 마주하는 보색을 동일 양으로 혼합하면 원래의 색상을 톤다운시키는 역할을 하게 된다. 이는 색상의 반사빛을 제거하고 갈색계열로 변화시키는 작업이며, 3차원 색상을 혼합하면 검정색 계열인 갈색으로 나타난다.

보색

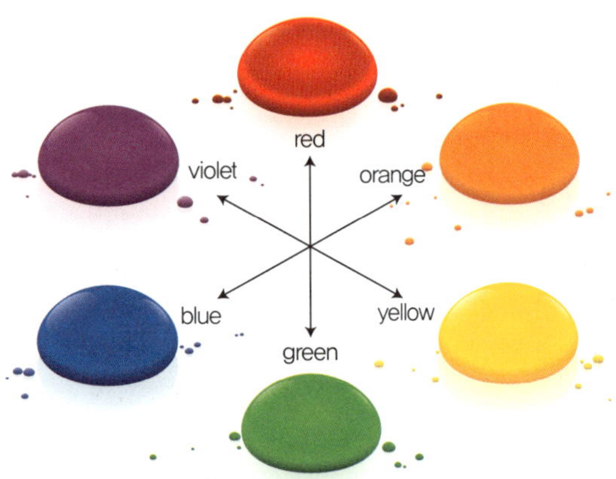

반사빛의 이해

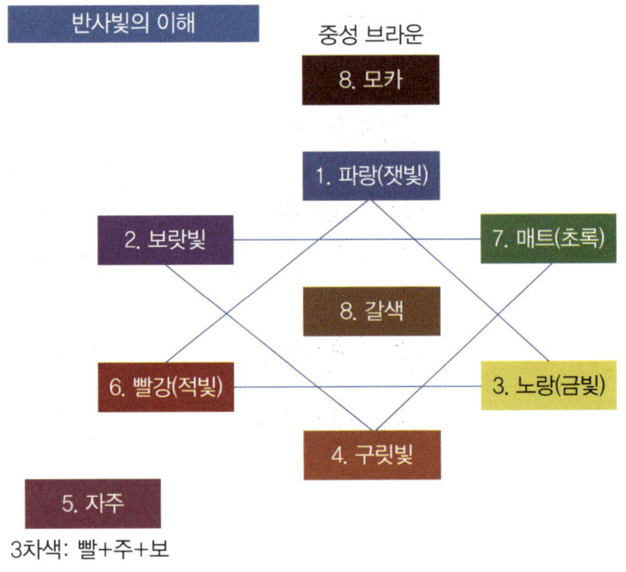

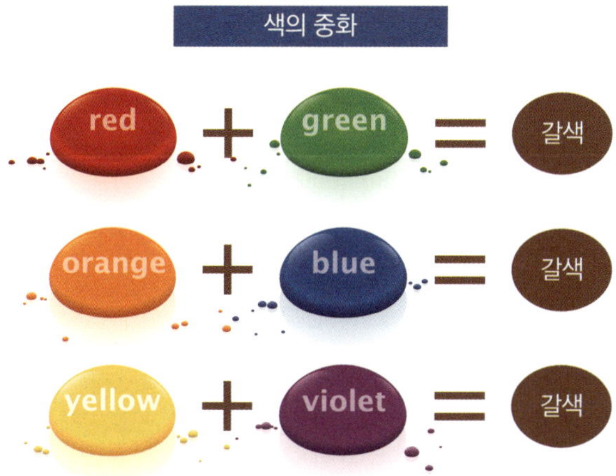

1. 빨강 + 초록(노랑 + 파랑)
2. 오렌지(노랑 + 빨강) + 파랑
3. 노랑 + 보라(빨강 + 파랑)

위 1, 2, 3을 각각 혼합하면 모든 결과색은 갈색으로 변함

키포인트

구분	내용
보색	색상환에서 마주 보는 색이다
	보색을 첨가하면 명도와 채도가 낮아진다.
	3차색을 혼합하면 갈색 계열이 된다.
중화	보색계열의 반사빛을 활용한다.
	반사빛의 강도를 일치시킨다.

토론 및 메모

- 헤어염색에서 보색중화는 왜 중요할까요?

PART 03

색채학 이론

1. 색의 이해

1 색의 이해

학습내용 색의 3속성에 대해서 이해한다.

1) 색채지각

우리가 사물을 볼 때 눈으로 가장 먼저 파악되는 것이 색채이다. 색채는 빛이 없으면 물체를 파악할 수가 없기에 색채와 빛은 매우 중요한 관련성이 있다.

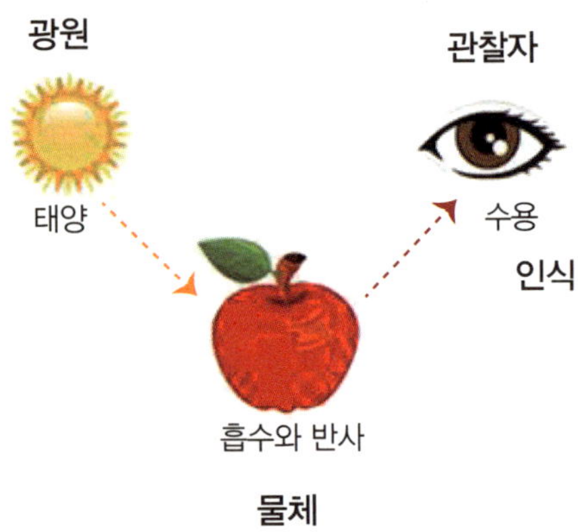

빛과 색의 지각 원리

1. 사과의 물체색이 자연광과 접촉
2. 단파장(파랑계열)과 중파장(초록계열)은 대부분 흡수
3. 장파장(빨강계열)이 대부분 반사되어 우리 눈에 빨갛게 보임

2) 빛의 종류

색채는 빛이 비춰지는 현상으로 프리즘을 통과하면서 색상별 장파장, 중파장, 단파장으로 파장영역이 결정된다. 장파장은 난색계열로 주로 빨강, 노랑, 주황이며, 단파장은 파랑계열, 초록은 중파장에 해당된다.

3) 색의 종류

색채는 크게 채도가 없는 무채색과, 채도가 있는 유채색으로 구분한다. 색채를 표현할 때 여러 유사용어들이 있으며, 주로 색상, 색조, 컬러, 색, 빛깔 등으로 표현하기도 한다.

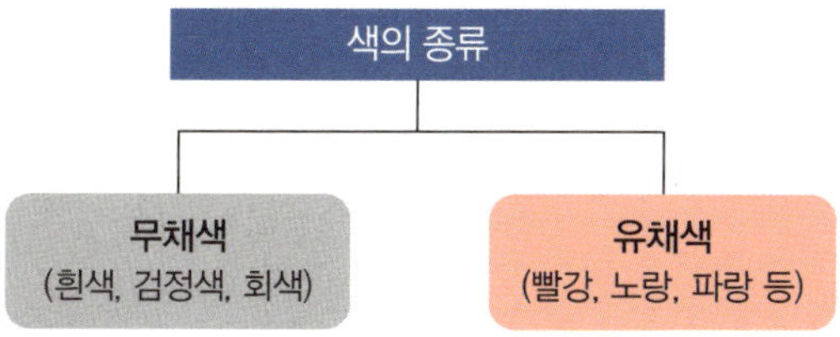

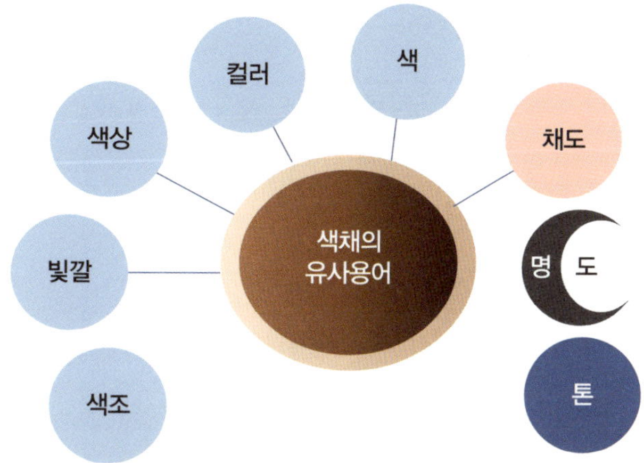

출처:사이언스(https://www.scienceall.com/%EC%8A%A4%ED%8E%99%ED%8A%B8%EB%9F%BCspectrum-2/)

① 유채색: 색상, 명도, 채도를 동시에 가진 빛깔로서 주로 밝고 경쾌한 이미지, 활기차고 역동적인 이미지를 가지고 있으며, 무채색은 색상과 채도가 없고 명도만을 가지고 있다.

② 무채색: 명도만을 가지고 있는 무채색은 흰색과 검정색 사이의 모든 회색 색상을 포함하고 있고, 이는 주로 클래식하고 모던하며 도회적인 이미지를 표현할 때 주로 사용되고 있으며, 모든 색상을 보완하는 특성이 있어 패션코디 연출에 유용하게 활용되는 컬러이다.

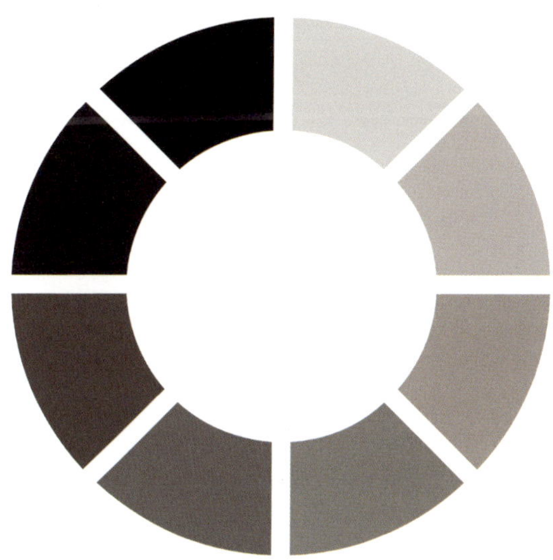

유채색

- 색상, 명도, 채도를 가진 빛깔

Ex) 빨강, 노랑, 파랑 등으로 무채색을 제외한 색상

무채색

- 색조가 없는 색 흰색, 검정색–양극단 색 사이에 위치한 모든 회색
- 색상이나 채도가 없고 명도의 차이만을 가지는 색

Ex) 검정색, 흰색, 회색 등

3) 색채 3속성

- 색의 3속성은 색상, 명도 채도로 구분하고, 세 가지 중 인간의 눈으로 가장 먼저 확인되는 것은 명도, 색상, 채도의 순이다.

(1) 색상

색상은 주로 색상환을 보고 판단하게 된다. 색상환은 색상에 따라 계통적으로 색을 둥글게 배열한 것을 의미하고, 스펙트럼의 색상변화를 원 모양 등으로 간격을 두어 배열한 것으로 먼셀의 표색계를 공통적으로 사용한다.

① 유사색상

색상은 비슷한 느낌, 비슷한 색상을 유사색상이라고 한다.'유사'라는 의미는 동일하지는 않고 서로 비슷한 것을 의미하므로 빨강색을 기준으로 다홍, 주황 등의 색을 유사색이라고 표현한다. 즉 유사색상은 색상환에서 서로 근접한 거리에 있는 색상을 의미한다.

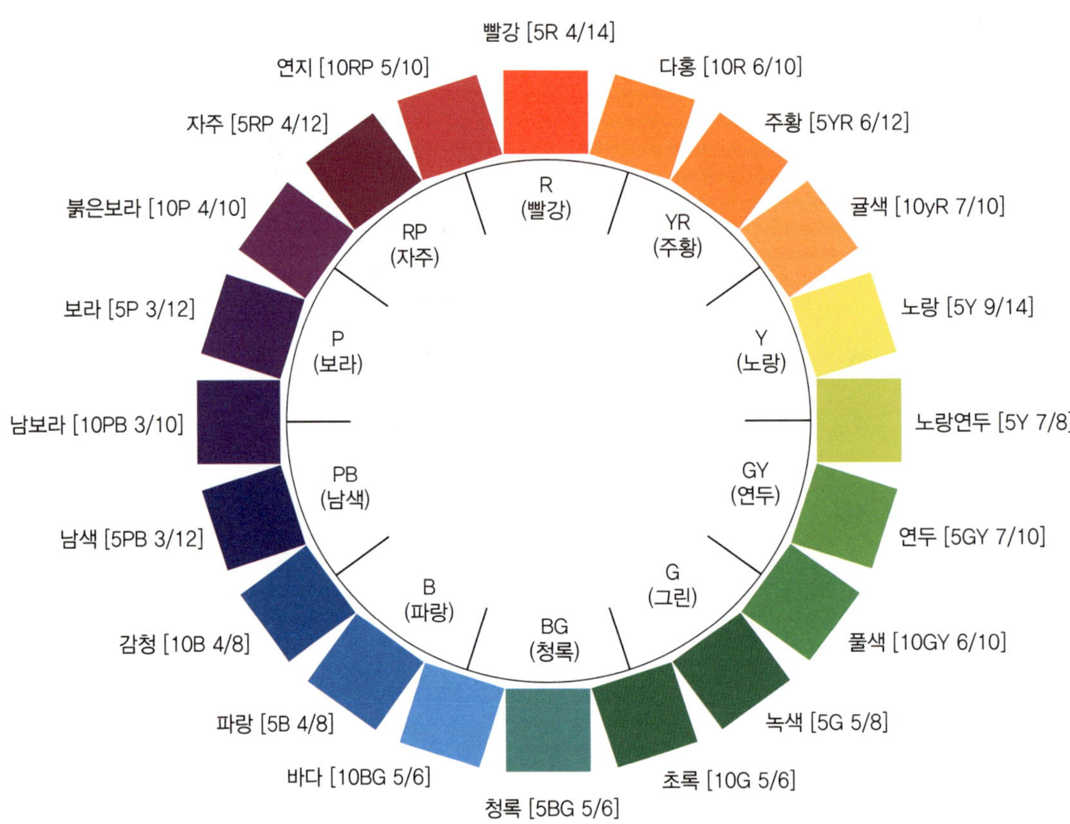

▶ 먼셀표색계

– 빨강(R) • 주황(YR) • 노랑(Y) • 연두(GY) • 녹색(G) • 청록(BG) • 파랑(B) • 남색(PB) • 보라(P) • 자주(RP)의 10가지로 나눔

– 다시 1R, 2R,⋯,10R 등의 10가지로 구분하여 무수히 많은 색을 만들어 낼 수 있음

유사색상

- 색상환에서 서로 근접한 거리에 있는 색상 간의 관계
  Ex) 5R을 기준으로 5YR, 5RP

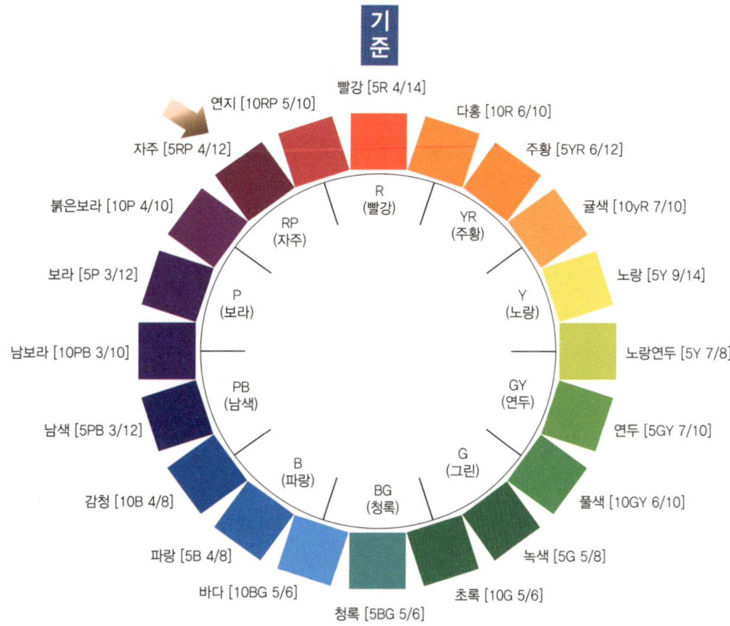

② 대조색상

색상환에서 대각선을 이루고 있는 색상과의 배색관계를 의미한다. 대조색상은 유사색상에 비해 색상의 차이가 많이 나므로 강렬하고 화려한 이미지, 다이내믹하고 경쾌한 이미지를 주는 반면, 경직되고 딱딱한 이미지도 표현할 수 있다.

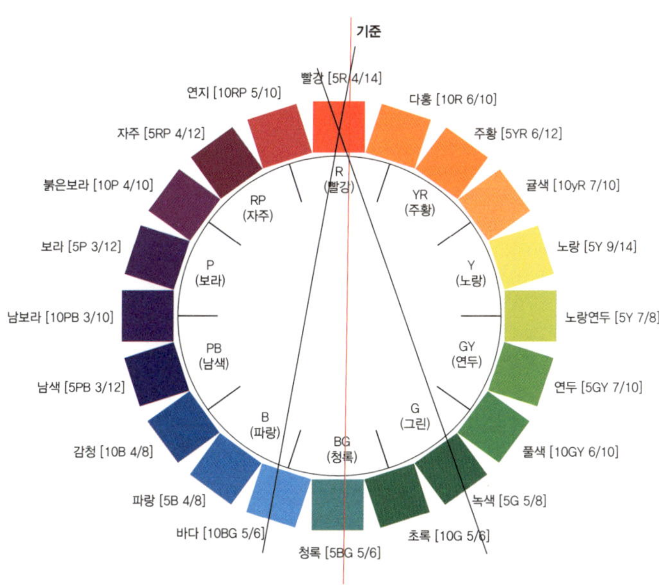

③ 보색색상

보색은 색상환에서 서로 마주보는 반대색으로 패션, 뷰티, 산업분야는 물론 헤어염색에서도 매우 중요하다. 보색은 색상환에서 색상대비를 이루고 있는 한쌍의 색상을 의미하며, 보색과 보색의 혼합은 무채색으로 표현된다.

- 헤어염색에서는 보색의 원리를 이해해야 보색중화를 할 수가 있고, 염모제에는 반사빛이 있는 경우가 많아 반사빛을 이해해야 보색중화를 할 수 있다.

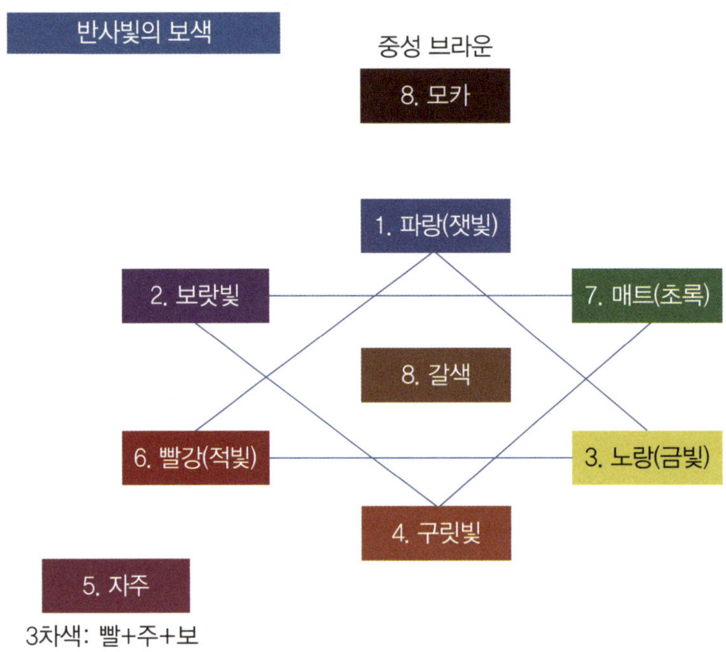

(2) 명도

색상의 밝고 어두움을 표현하며, 1~10단계까지 있다. 숫자가 낮을수록 명도가 어둡고, 숫자가 클수록 명도가 밝다. 즉 1~2는 저명도, 3~7은 중명도, 8~10은 고명도를 의미한다.

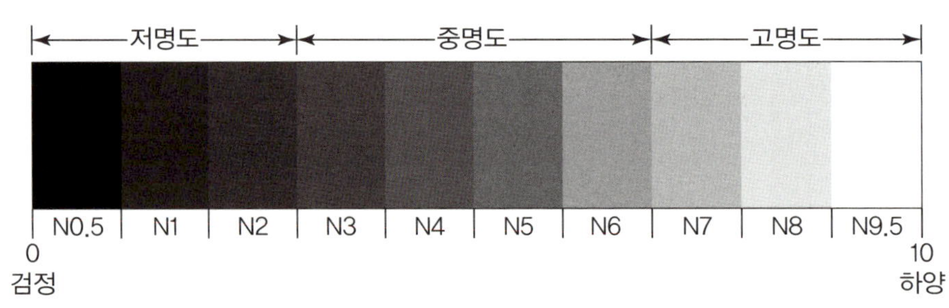

(3) 채도

색상의 선명도, 색의 강약과 맑기 정도를 의미한다. 색상에서 순색의 포함량이 많을수록 채도가 높아지고, 무채색의 포함량이 많을수록 채도가 낮아진다.

- 색상에서 무채색의 포함량이 적어 색상이 맑고 투명한 것을 순색이라고 하고, 반대의 경우로 무채색의 포함량이 많아 색상이 흐린 것을 탁색이라고 한다.
- 채도가 높고 강한 색을 고채도, 낮은 색을 저채도, 중간 정도의 채도를 중채도라고 한다.

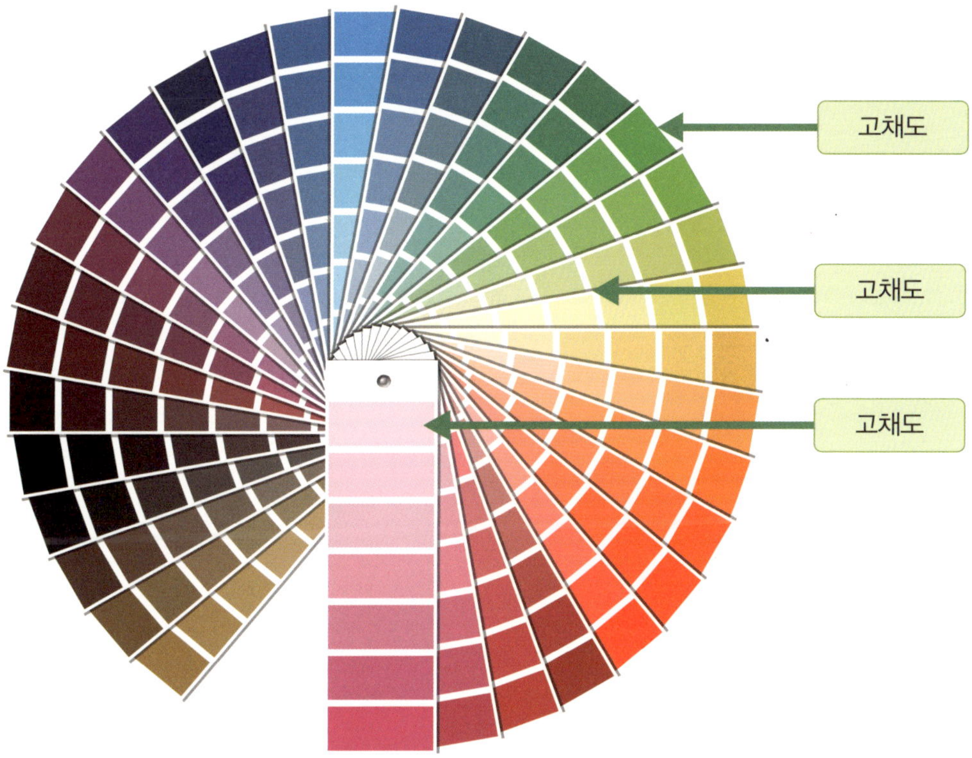

토론 및 메모

- 헤어염색에서 색상, 명도, 채도는 왜 중요할까요?

PART

04

기초헤어컬러링 및 탈색

1. 염색 도구
2. 색상환차트 제작 실습
3. 탈색 실습
4. 헤어 염색 도포 테크닉

1 염색 도구

학습내용 헤어염색 도구의 종류와 사용법에 대해서 이해한다.

1) 염색 도구의 종류

• 헤어염색을 할 때 여러 가지 다양한 도구가 필요하고, 사용법에 따라 헤어염색의 결과가 달라질 수 있다.

<table>
<tr><th>염색가운</th><th>염구염모제</th><th>산성염모제
(반영구)</th><th>산화제</th></tr>
<tr>
<td></td>
<td></td>
<td></td>
<td>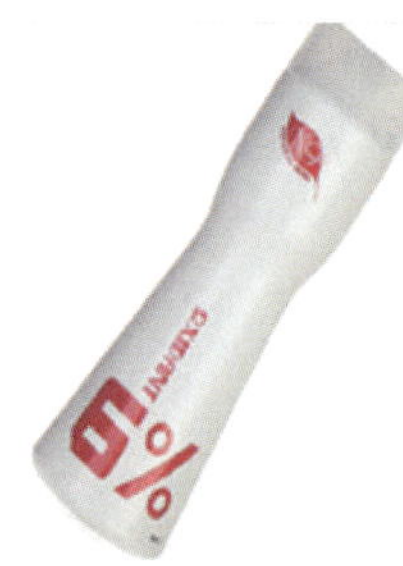</td>
</tr>
<tr><th>염색보울</th><th>염색브러시</th><th>이어캡</th><th>비닐헤어캡</th></tr>
<tr>
<td></td>
<td></td>
<td></td>
<td></td>
</tr>
<tr><td colspan="4">
염색 도구 설명

1. 염색가운: 염색약이 옷이나 피부에 묻는 것을 방지하기 위한 용도
2. 영구염모제: 선호하는 헤어컬러를 연출하기 위한 염색약(1제)으로 영구적인 유지가 가능
3. 산성염모제: 색상 배합과 조색을 실습하고 색상환 차트 제작을 위한 용도
4. 산화제: 염색을 하기 위한 2제로 멜라닌색소를 파괴하여 염료가 모발 안으로 침투 후 착색시켜 주는 역할을 하는 용도(3%, 6%, 9%, 12%가 있으나 가장 보편적으로 6%를 가장 많이 사용함)
5. 염색보울: 염색을 하기 위해 1제와 2제를 혼합하기 위한 용도
6. 염색브러시: 혼합한 염색약을 모발에 바르기 위한 용도
7. 이어캡: 염색약이 귀에 묻지 않게 귀에 착용하여 커버하는 용도
8. 비닐헤어캡: 헤어염색약 도포 후 발색시키기 위해 모발에 씌워 놓는 용도
</td></tr>
</table>

분무기	집게핀	염색 앞치마	탈색제
	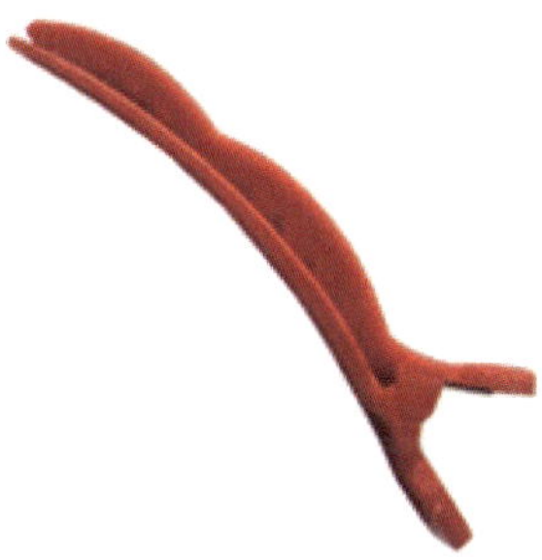		
미용장갑	**염색약 짜개**	**디지털 저울**	**염색약 리무버**
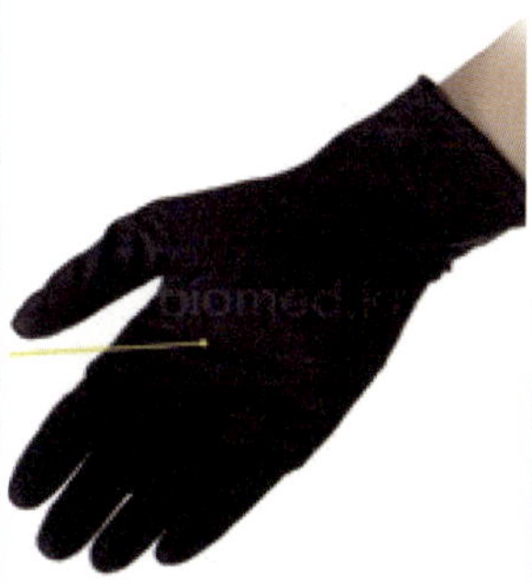			

11. 분무기: 모발에 수분을 공급하는 용도
12. 집게핀: 헤어염색 시 모발의 섹션을 구분하는 용도, 긴 모발을 집어 고정시키는 용도
13. 염색 앞치마: 헤어염색 시 염색약이 옷에 묻는 것을 방지하기 위해 시술자가 착용하는 앞치마
14. 탈색제: 모발의 멜라닌색소를 빼기 위해 산화제와 믹스하여 사용하는 용도
15. 미용장갑: 시술자의 손에 염색약이 묻지 않게 방지하는 용도
16. 염색약짜개: 헤어염색약을 짤 때 사용하는 용도
17. 디지털 저울: 염색약과 산화제의 비율을 그램 수로 측정하는 저울
18. 염색약 리무버: 염색 시 염색약이 실수로 피부에 묻었을 경우 지우는 용도

그 외

19. 타올: 염색약이 목이나 옷에 묻지 않게 커버하는 용도 및 샴푸 시 모발을 닦는 용도
20. 타이머: 염색시간 체크를 위한 용도
21. 쿠킹포일: 모발의 일부 섹션을 블리치를 할 때 감싸고 염색하는 용도

2 색상환 차트 제작실습

학습내용 색상의 조색 및 배합을 이해하고 색상환 차트를 제작할 수 있다.

1) 가법혼합과 감법혼합

- 헤어염색을 하기 위한 염모제의 조색과 배합을 이해하는 것이 중요하다. 이를 위해 먼저 산성염모제(반영구)를 활용하여 색상환 차트를 제작하여 색상에 대한 전반적인 이해를 돕는다.
- 색의 조합은 가법혼합과 감법혼합이 있다.

① 가법혼합

가법은 더할 가(+)의 의미로 색상의 삼원색인 빨강(R), 노랑(Y), 파랑(B)의 빛을 더하여 얻어지는 원리로, 원색인 이 세 가지 빛을 혼합하면 할수록 색상이 선명해지고 백색의 빛이 발색된다.

② 감법혼합

감법은 뺄 감(-)의 의미로 마젠타(M), 노랑(Y), 시안(C)의 색료를 혼합하면 할수록 순색의 의미가 약해져 원래의 색상보다 어둡고 탁한 검정색에 가까운 색이 발색된다.

(가법혼합=가산혼합)

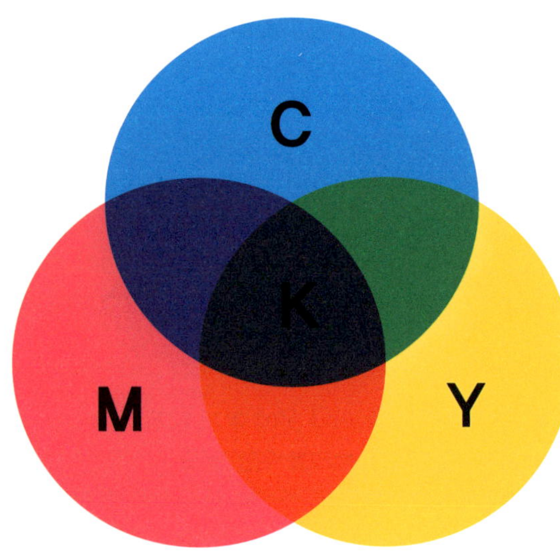

(감법혼합=감산혼합)

2) 1차색, 2차색, 3차색의 이해

학습내용 1차색(빨강, 파랑, 노랑)과 2차색(주황, 보라, 녹색)을 조색하여 색상환을 제작할 수 있다.

색의 혼합과 색상환 차트 제작을 위해서는 1차색, 2차색, 3차색의 개념을 이해해야 한다.

① 1차색: 빨강(R), 노랑(Y), 파랑(B)의 3가지 순색을 1차색이라고 한다.

② 2차색: 보충색이라고 하며, 1차색 중 2가지 색상을 동일한 비율(1:1)로 혼합하여 만들어지는 색을 2차색이라고 하며, 색상으로는 주황(Orange), 녹색(Green), 보라(Violet)로 총 3가지의 색상이다.

③ 3차색: 붉은 주황(Red Orange), 연한 주황(Yellow Orange), 연두(Yellow Green), 청록(Blue Green), 자주(Red Violet), 청보라(Blue Violet)로 총 6가지의 색상이다.

구분	색상
1차색	빨강(R), 노랑(Y), 파랑(B)
2차색	주황(Orange), 녹색(Green), 보라(Violet)
3차색	붉은 주황(Red Orange), 연한 주황(Yellow Orange), 연두(Yellow Green), 청록(Blue Green), 자주(Red Violet), 청보라(Blue Violet)

3) 색상환 차트 제작실습

(1) 색상환 차트 제작 실습 준비물

- 산성염모제(반영구) 빨강, 파랑, 노랑
- 헤어피스
- 염색볼, 염색브러시
- 꼬리빗, 미용장갑
- 키친타올, 물티슈, 타올
- 샴푸&린스
- 헤어드라이기
- 포일
- 테이프, 매직
- 아크릴판

(2) 색상환 차트 제작 목적

- 빨강, 파랑, 노랑의 삼원색을 이해하기 위해 1차색을 활용하여 2차색과 3차색을 만드는 것을 학습하고자 하며, 색의 조색 및 배합을 통해 색감을 이해하고, 헤어염색을 하기 위한 기초염색이론을 숙지하고자 한다.

(3) 산성염모제(반영구)를 활용한 2차색 제작 순서

1. 책상 위에 신문지를 깔아준다.
2. 아크릴판 위에 포일(은박지)을 세팅한다.
3. 아크릴판 위에 염색할 헤어피스를 장착한다.
4. 헤어피스를 가로로 4~5등분 나눠 놓는다.
5. 출제된 과제에 맞게 색을 조제한다.
   주황(노랑:빨강=3:1), 보라(빨강:파랑=1:1), 녹색(노랑:파랑=3:1)
6. 키친타올에 색을 먼저 테스트를 해 본다.
7. 헤어피스 상단 5cm 여백을 남기고 염모제를 도포한다.
8. 도포가 끝나면 포일을 반으로 접고 양쪽 옆부분도 접어준다
9. 자연방치 30~40분, 발색 여부를 중간에 체크한다.
10. 발색 확인 후 샴푸와 린스로 세척한다.
11. 키친타올로 물기를 제거한다.
12. 드라이, 빗질, 말리기를 앞뒤로 진행한다.
13. 투명 테이프로 제공된 용지에 헤어피스를 부착한다.

완성 결과물

사진출처:https://blog.naver.com/hair_arti/220384704706

빨강	파랑	노랑
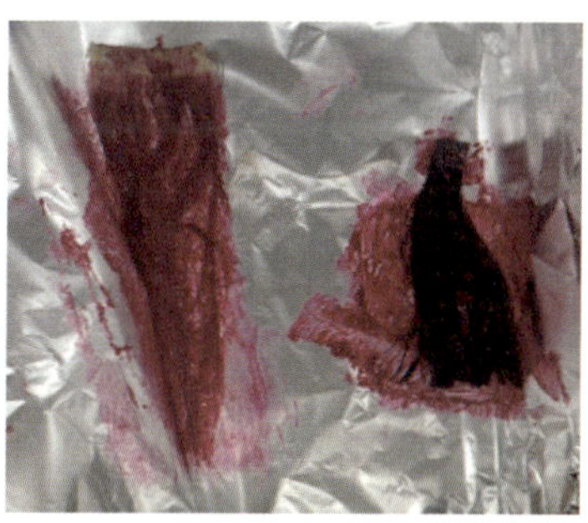	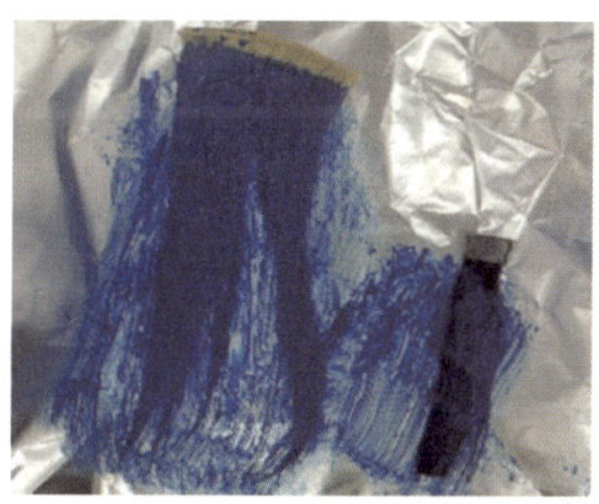	
주황	**보라**	**초록**
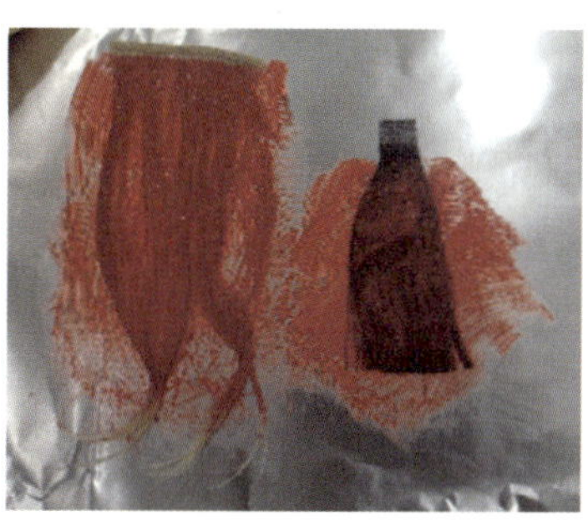		

• 2차색 주황 제작방법

1. 주황(노랑:빨강 = 3:1)		

실습과정 메모

• 2차색 보라 제작방법

2. 보라(빨강:파랑 = 1:1)		

실습과정 메모

• 2차색 녹색 제작방법

3. 녹색(노랑:파랑 = 3:1)		

실습과정 메모

3) 모발 명도에 따른 산성염모제 색상변화 실습

학습내용 산성염모제(반영구)를 활용하여 헤어 명도별 매니큐어 발색원리에 대해서 실습한다.

- 모발 명도에 따라 산성염모제로 염색함에 따라 변화되는 모발의 염색색상을 이해하고자 한다.

(1) 준비물

헤어피스 각 레벨별 10개(1~10), 산성염모제(빨, 파, 노), 방치시간 30~40분(자연방치), 염색볼, 염색 브러시, 포일, 아크릴판, 키친타올, 샴푸&린스, 꼬리빗, 헤어드라이기, 타올, 네임펜, 투명테이프, 장갑, 염색 앞치마

(2) 실습방법

① 실습자는 염색 앞치마와 장갑을 착용하고 실습공간에 오염이 되지 않도록 신문지와 랩을 활용하여 책상을 커버한다.

② 염색할 1~10 레벨의 헤어피스 규격을 고려하여 포일을 넉넉하게 자르고, 각 헤어피스의 간격을 두고 투명테이프로 고정한다(또는 아크릴판을 활용)

③ 노랑색, 보라색, 녹색의 산성염모제를 10개의 헤어피스에 각각 도포하고 30~40분 정도 자연방치 한다.

④ 30분 정도 지나면 색상을 확인 후 발색이 됐을 시 샴푸&린스를 하고, 발색 전이면 10분 정도 더 방치한다.

⑤ 샴푸&린스로 세척한 후 헤어드라이기로 말리고, 꼬리빗으로 헤어피스를 정리정돈 후 짝수 헤어피스만 레벨 스케일표에 부착한다.

1~10 레벨 헤어피스에 빨강색 산성염모제(반영구) 도포한 모습

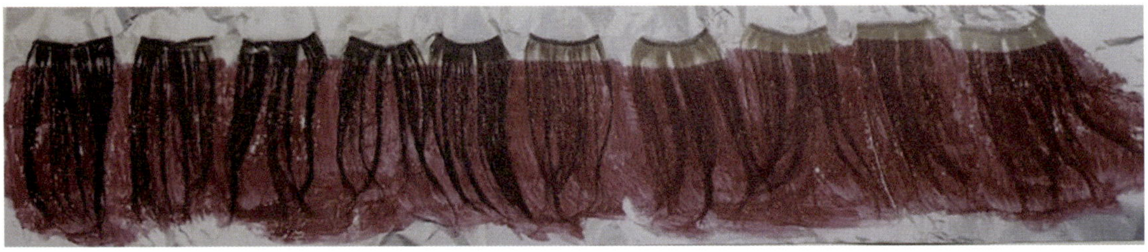

헤어피스 2, 4, 6, 8, 10에 빨강색 산성염모제(반영구)가 염색된 모습

2Level 4Level 6Level 8Level 10Level

1~10 레벨 헤어피스에 파랑색 산성염모제(반영구) 도포한 모습

헤어피스 2, 4, 6, 8, 10에 파랑색 산성염모제(반영구)가 염색된 모습

2Level 4Level 6Level 8Level 10Level

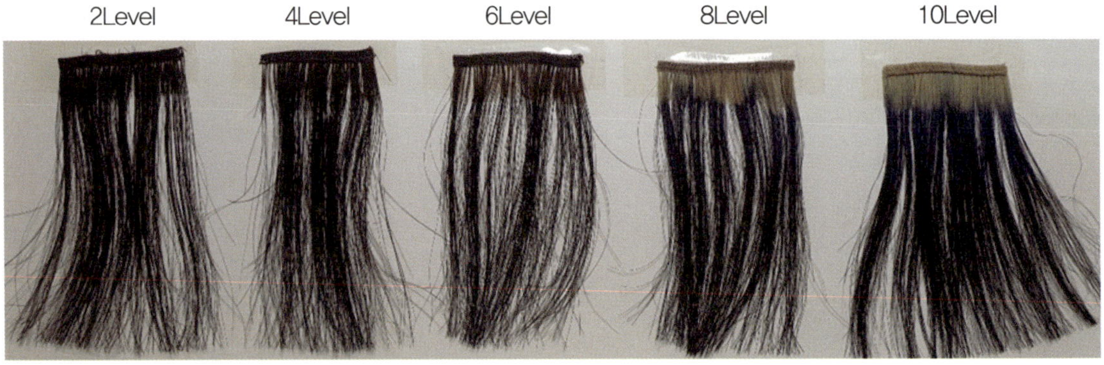

1~10 레벨 헤어피스에 노랑색 산성염모제(반영구) 도포한 모습

헤어피스 2, 4, 6, 8, 10에 노랑색 산성염모제(반영구)가 염색된 모습
2Level 4Level 6Level 8Level 10Level 

실습과정 메모

실습과정 메모

• 모발명도에 따른 산성염모제의 색상변화(주황)

2Level	4Level	6Level	8Level	10Level

실습과정 메모

• 모발명도에 따른 산성염모제의 색상변화(보라)

2Level	4Level	6Level	8Level	10Level

실습과정 메모

• 모발명도에 따른 산성염모제의 색상변화(녹색)

2Level	4Level	6Level	8Level	10Level

실습과정 메모

실습과정 메모

4) 보색중화 실습

학습내용 산성염모제(반영구)를 활용하여 반사빛을 제거하는 보색중화를 할 수 있다.

- 산성염모제(반영구)를 이용하여 모발 명도별 헤어컬러 변화를 파악하기 위한 헤어피스 10개 중 1, 3, 5, 7, 9 홀수의 헤어피스를 보색중화하는 방법에 대해서 실습하고자 한다.

(1) 준비물

염색된 홀수 헤어피스 5개(1,3,5,7,9), 산성염모제(빨, 파 노), 방치시간 30~40분(자연방치), 염색볼, 염색 브러시, 포일, 아크릴판, 키친타올, 샴푸&린스, 꼬리빗, 헤어드라이기, 타올, 네임펜, 투명테이프, 장갑, 염색 앞치마

(2) 실습방법

① 실습자는 염색 앞치마와 장갑을 착용하고 실습공간에 오염이 되지 않도록 신문지와 랩을 활용하여 책상을 커버한다.

② 염색할 1,3,5,7,9 레벨의 헤어피스 규격을 고려하여 포일을 넉넉하게 자르고, 각 헤어피스의 간격을 두고 투명테이프로 고정한다(또는 아크릴판을 활용)

③ 기 염색된 보색 헤어피스에 산성염모제를 각각 도포하고 30~40분 정도 자연방치한다.

④ 30분 정도 지나면 색상을 확인 후 발색이 됐을 시 샴푸&린스를 하고, 발색 전이면 10분 정도 더 방치한다.

⑤ 샴푸&린스로 세척한 후 헤어드라이기로 말리고, 꼬리빗으로 헤어피스를 정리정돈 후 헤어피스를 레벨 스케일표에 부착한다.

1, 3, 5, 7, 9 레벨 헤어피스에 보색 염모제를 도포한 모습(빨강-초록)

보색 중화한 모습(빨강-초록)
1Level 3Level 5Level 7Level 9Level 

실습과정 메모

1, 3, 5, 7, 9 레벨 헤어피스에 보색 염모제를 도포한 모습(노랑-보라)

보색 중화한 모습(노랑-보라)

1Level 3Level 5Level 7Level 9Level

1, 3, 5, 7, 9 레벨 헤어피스에 보색 염모제를 도포한 모습(파랑-주황)

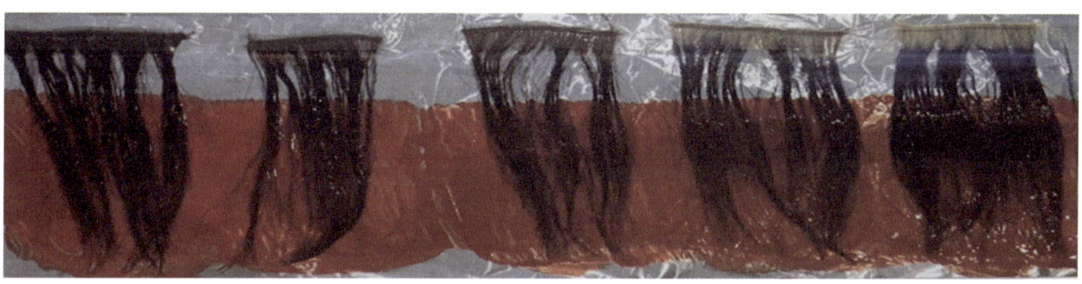

보색 중화한 모습(파랑-주황)

1Level 3Level 5Level 7Level 9Level

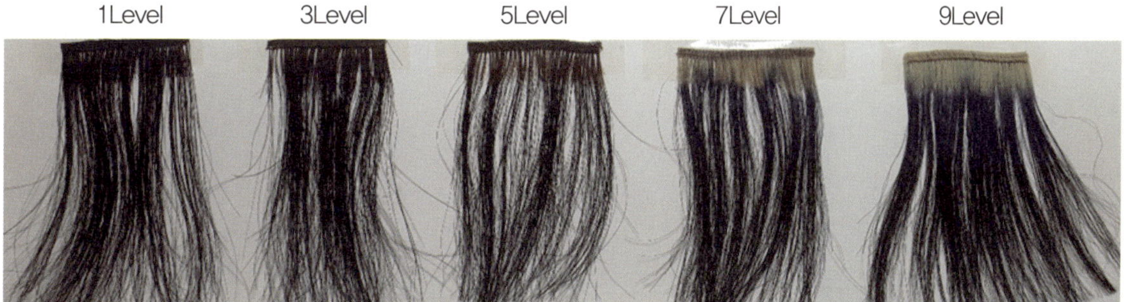

실습과정 메모

• 산성염모제를 활용한 보색중화 실습(빨강-녹색)

2Level	4Level	6Level	8Level	10Level

실습과정 메모

• 산성염모제를 활용한 보색중화 실습(노랑–보라)

2Level	4Level	6Level	8Level	10Level

실습과정 메모

• 산성염모제를 활용한 보색중화 실습(파랑–주황)

2Level	4Level	6Level	8Level	10Level

실습과정 메모

실습과정 메모

5) 영구염모제 염색 실습

학습내용 영구염모제를 활용하여 모발의 명도에 따른 색상변화에 대해서 이해할 수 있다.

반영구염모제(산성)		영구염모제(일반염색약)
염모제 색상 육안으로 파악 가능	VS	염모제 색상 육안으로 파악 불가능

- 영구염모제를 이용하여 모발 명도별 헤어컬러의 변화를 알아보고, 또한 산성염모제(반영구)와 영구염모제의 차이점에 대해서 이해하고자 한다.

(1) 준비물

헤어피스 10개(1~10레벨), 백모&흑모 헤어피스 각 1개씩, 영구염모제(빨, 파 노), 산화제 6%(염모제와 산화제의 비율 1:1)

방치시간 30~40분(자연방치), 염색볼, 염색 브러시, 포일, 아크릴판, 키친타올, 샴푸&린스, 꼬리빗, 헤어드라이기, 타올, 네임펜, 투명테이프, 장갑, 염색 앞치마

(2) 실습방법

① 실습자는 염색 앞치마와 장갑을 착용하고 실습공간에 오염이 되지 않도록 신문지와 랩을 활용하여 책상을 커버한다.

② 염색할 1~10 레벨의 헤어피스 규격을 고려하여 포일을 넉넉하게 자르고, 각 헤어피스의 간격을 두고 투명테이프로 고정한다(또는 아크릴판을 활용)

③ 선택한 영구염모제를 10개의 헤어피스에 각각 도포하고 30~40분 정도 자연방치한다.

④ 30분 정도 지나면 색상을 확인 후 발색이 됐을 시 샴푸&린스를 하고, 발색 전이면 10분 정도 더 방치한다.

⑤ 샴푸&린스로 세척한 후 헤어드라이기로 말리고, 꼬리빗으로 헤어피스를 정리정돈 후 헤어피스를 레벨 스케일표에 부착한다.

1~10레벨 헤어피스에 영구염모제 도포한 모습(빨강)

염색결과(2, 4, 6, 8, 10레벨 & 흑모 & 백모)				
1Level	3Level	5Level	7Level	9Level

실습과정 메모

1~10레벨 헤어피스에 영구염모제 도포한 모습(파랑)				
염색결과(2, 4, 6, 8, 10레벨 & 흑모 & 백모)				
1Level	3Level	5Level	7Level	9Level

실습과정 메모

1~10레벨 헤어피스에 영구염모제 도포한 모습(노랑)				
염색결과(2, 4, 6, 8, 10레벨 & 흑모 & 백모)				
1Level	3Level	5Level	7Level	9Level

실습과정 메모

• 영구염모제를 활용한 명도별 색상변화(빨강)

2Level	4Level	6Level	8Level	10Level

실습과정 메모

• 영구염모제를 활용한 명도별 색상변화(파랑)

2Level	4Level	6Level	8Level	10Level

실습과정 메모

• 영구염모제를 활용한 명도별 색상변화(노랑)

2Level	4Level	6Level	8Level	10Level

실습과정 메모

실습과정 메모

6) 영구염모제 보색중화 실습

학습내용 영구염모제를 활용하여 명도별 보색중화 색상변화에 대해서 이해할 수 있다.

- 영구염모제를 이용하여 모발 명도별 보색중화로 색상변화를 알아보기 위한 실습을 진행한다.

(1) 준비물

헤어피스 10개(1~10레벨), 백모&흑모 헤어피스 각 1개씩, 영구염모제(빨, 파 노), 산화제 6%(염모제와 산화제의 비율 1:1)

방치시간 30~40분(자연방치), 염색볼, 염색 브러시, 포일, 아크릴판, 키친타올, 샴푸&린스, 꼬리빗, 헤어드라이기, 타올, 네임펜, 투명테이프, 장갑, 염색 앞치마

(2) 실습방법

① 실습자는 염색 앞치마와 장갑을 착용하고 실습공간에 오염이 되지 않도록 신문지와 랩을 활용하여 책상을 커버한다.

② 기 염색된 홀수(1, 3, 5, 7, 9)레벨의 헤어피스 규격을 고려하여 포일을니가 넉넉하게 자르고, 각 헤어피스의 간격을 두고 투명테이프로 고정한다(또는 아크릴판을 활용)

③ 선택한 보색 영구염모제를 기 염색된 홀수(1, 3, 5, 7, 9) 5개의 헤어피스에 각각 도포하고 30~40분 정도 자연방치한다.

④ 30분 정도 지나면 색상을 확인 후 발색이 됐을 시 샴푸&린스를 하고, 발색 전이면 10분 정도 더 방치한다.

⑤ 샴푸&린스로 세척한 후 헤어드라이기로 말리고, 꼬리빗으로 헤어피스를 정리정돈 후 헤어피스를 레벨 스케일표에 부착한다.

1, 3, 5, 7, 9 레벨 헤어피스에 영구염모제 도포한 모습(빨강-녹색)

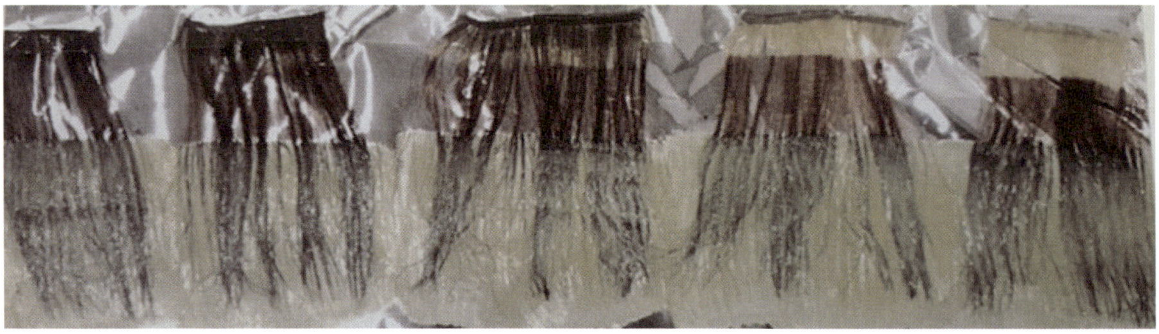

보색중화 염색결과

2Level	4Level	6Level	8Level	10Level	흑모 및 백모

실습과정 메모

1, 3, 5, 7, 9 레벨 헤어피스에 영구염모제 도포한 모습(노랑-보라)

보색중화 염색결과
1Level　3Level　5Level　7Level　9Level
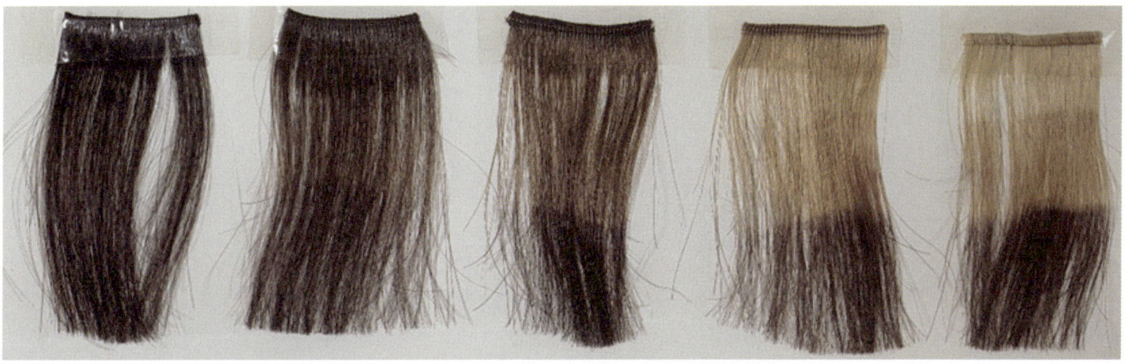

실습과정 메모

1,3,5,7,9 레벨 헤어피스에 영구염모제 도포한 모습(파랑-주황)

보색중화 염색결과

실습과정 메모

실습과정 메모

- 영구염모제를 활용한 보색중화 실습(빨강-녹색)

2Level	4Level	6Level	8Level	10Level

실습과정 메모

• 영구염모제를 활용한 보색중화 실습(노랑–보라)

2Level	4Level	6Level	8Level	10Level

실습과정 메모

• 영구염모제를 활용한 보색중화 실습(파랑–주황)

2Level	4Level	6Level	8Level	10Level

실습과정 메모

실습과정 메모

7) 영구염모제 창작 염색 실습

학습내용 자신이 선호하는 염모제를 도포한 후 색상의 변화를 이해할 수 있다.

- 흑모와 백모 헤어피스에 영구염모제(빨, 파, 노)로 염새한 후 자신이 원하는 색상을 덧발라 변화되는 색상의 변화를 실습하고자 한다.

(1) 준비물

백모&흑모 헤어피스 각 3개씩 총 6개, 영구염모제(빨, 파 노), 산화제 6%(염모제와 산화제의 비율 1:1)

방치시간 30~40분(자연방치), 염색볼, 염색 브러시, 포일, 아크릴판, 키친타올, 샴푸&린스, 꼬리빗, 헤어드라이기, 타올, 네임펜, 투명테이프, 장갑, 염색 앞치마

(2) 실습방법

① 실습자는 염색 앞치마와 장갑을 착용하고 실습공간에 오염이 되지 않도록 신문지와 랩을 활용하여 책상을 커버한다.

② 흑모 및 백모의 헤어피스 규격을 고려하여 포일을 넉넉하게 자르고, 각 헤어피스의 간격을 두고 투명테이프로 고정한다(또는 아크릴판을 활용)

③ 흑모 및 백모 헤어피스에 빨강, 노랑, 파랑 영구염모제를 각각 1개씩 도포하고 30~40분 정도 자연방치한다.

④ 30분 정도 지나면 색상을 확인 후 발색이 됐을 시 샴푸&린스를 하고, 발색 전이면 10분 정도 더 방치한다.

⑤ 샴푸&린스로 세척한 후 헤어드라이기로 말리고, 꼬리빗으로 헤어피스를 정리정돈 후 헤어피스를 레벨 스케일표에 부착한다.

흑모 & 백모 헤어피스를 활용한 영구염모제 염색결과(빨강, 노랑, 파랑)

흑모 및 백모(빨강) 흑모 및 백모(빨강) 흑모 및 백모(빨강)

실습과정 메모

• 흑모 헤어피스를 활용한 한색차트 제작실습(파랑계열) – 산성산화제(반영구)

실습과정 메모

• 흑모 헤어피스를 활용한 중성색 차트 제작실습 – 산성산화제(반영구)

실습과정 메모

• 백모 헤어피스를 활용한 난색차트 제작실습(노랑계열) – 산성산화제(반영구)

실습과정 메모

• 백모 헤어피스를 활용한 난색차트 제작실습(노랑계열) – 산성산화제(반영구)

실습과정 메모

• 백모 헤어피스를 활용한 중성색차트 제작실습 – 산성산화제(반영구)

실습과정 메모

• 백모 헤어피스를 활용한 창작컬러 실습 – 산성산화제(반영구)

실습과정 메모

3 탈색 실습

학습내용 산화제 볼륨, 염모제의 명도에 따른 염색의 발색 차이를 이해할 수 있다.

1) 산화제 볼륨에 따른 염색의 발색 차이

탈색은 모발의 멜라닌색소를 파괴하는 작업으로 산화제 볼륨 정도와 시술시간, 시술횟수에 따라 색상이 변화되고 결과물이 달라진다.

(1) 준비물

흑모 헤어피스 3개, 탈색제(파우더), 산화제 3%(10볼륨), 6%(20볼륨), 9%(30볼륨), 12%(40볼륨)-염모제와 산화제의 비율은 1:1 또는 1:1.5 중 선택

방치시간 30~40분(자연방치), 염색볼, 염색 브러시, 포일, 아크릴판, 키친타올, 샴푸 & 린스, 꼬리빗, 헤어드라이기, 타올, 네임펜, 투명테이프, 장갑, 염색 앞치마

(2) 실습방법

① 실습자는 염색 앞치마와 장갑을 착용하고 실습공간에 오염이 되지 않도록 신문지와 랩을 활용하여 책상을 커버한다.

② 흑모 헤어피스 규격을 고려하여 포일을 넉넉하게 자르고, 각 헤어피스의 간격을 두고 투명테이프로 고정한다(또는 아크릴판을 활용)

③ 흑모 헤어피스에 조제한 탈색제를 도포하고 40분 정도 자연방치한다.

④ 샴푸 & 린스로 세척한 후 헤어드라이기로 말리고, 꼬리빗으로 헤어피스를 정리정돈 후 헤어피스를 레벨 스케일표에 부착한다.

흑모 헤어피스에 산화제 도포한 모습(3%, 6%, 9%)

산화제 볼륨에 따른 탈색결과 차이(3%, 6%, 9% - 비율:1:1.5)
흑모(산화제 3% – 1:1.5) 흑모(산화제 6% – 1:1.5) 흑모(산화제 9% – 1:1.5) 

실습과정 메모

실습과정 메모

• 산화제 볼륨에 따른 탈색결과 차이(3%, 6%, 9% – 비율:1:1)

3%(10볼륨)산화제	6%(20볼륨)산화제	9%(30볼륨)산화제

실습과정 메모

• 산화제 볼륨에 따른 탈색결과 차이(3%, 6%, 9% – 비율:1:1.5)

3%(10볼륨)산화제	6%(20볼륨)산화제	9%(30볼륨)산화제

실습과정 메모

• 산화제 볼륨에 따른 탈색결과 차이(3%, 6%, 9% – 비율:1:2)

3%(10볼륨)산화제	6%(20볼륨)산화제	9%(30볼륨)산화제

실습과정 메모

• 염모제와 산화제 비율에 따른 탈색결과 차이(6% – 비율:1:3)

3%(10볼륨)산화제	6%(20볼륨)산화제	9%(30볼륨)산화제

실습과정 메모

• 방치 시간에 따른 탈색결과 차이(6% 산화제 1:1.5)

15분 방치	30분 방치	50분 방치

실습과정 메모

• 탈색 횟수에 따른 탈색결과 차이(6% 산화제 1:1.5)

1회 탈색	2회 탈색	3회 탈색

실습과정 메모

실습과정 메모

2) 영구염모제 레벨에 따른 발색 차이

- 탈색은 염모제 레벨, 산화제의 볼륨, 시술시간, 시술횟수 등에 따라 발색되는 결과물이 달라진다.

(1) 준비물

백모 헤어피스 3개, 탈색제(파우더), 산화제 6%(20볼륨)-염색제와의 비율 1:1로 혼합

방치시간 30~40분(자연방치), 염색볼, 염색 브러시, 포일, 아크릴판, 키친타올, 샴푸&린스, 꼬리빗, 헤어드라이기, 타올, 네임펜, 투명테이프, 장갑, 염색 앞치마

(2) 실습방법

① 실습자는 염색 앞치마와 장갑을 착용하고 실습공간에 오염이 되지 않도록 신문지와 랩을 활용하여 책상을 커버한다.

② 백모 헤어피스 규격을 고려하여 포일을 넉넉하게 자르고, 각 헤어피스의 간격을 두고 투명테이프로 고정한다(또는 아크릴판을 활용)

③ 백모 헤어피스에 염색약과 탈색제는 1:1의 비율로 혼합하고 도포 후 40분 정도 자연방치한다.

④ 샴푸&린스로 세척한 후 헤어드라이기로 말리고, 꼬리빗으로 헤어피스를 정리정돈 후 헤어피스를 레벨 스케일표에 부착한다.

실습과정 메모

백모 헤어피스에 레벨이 다른 염모제 도포한 모습(4,9,12레벨)

염모제 명도에 따른 탈색결과 차이
백모(명도 4레벨)　　백모(명도 9레벨)　　백모(명도 12레벨) 

실습과정 메모

• 염모제 명도에 따른 탈색결과 차이(4레벨, 9레벨, 12레벨)

4레벨 염모제	9레벨 염모제	12레벨 염모제

실습과정 메모

실습과정 메모

4 헤어염색 도포 테크닉

학습내용 원터치 도포 테크닉을 이해하고 숙지할 수 있다.

1) 기본염모제 도포 테크닉

헤어염색은 도포색상을 염색하고자 하는 모발에 적합하게 신속 정확하게 도포하는 것이 중요하고, 모발의 조건, 염모제의 종류, 시술시간, 시술테크닉, 시술방법 등에 따라 발색의 결과가 달라질 수 있다.

(1) 염모제 도포방법

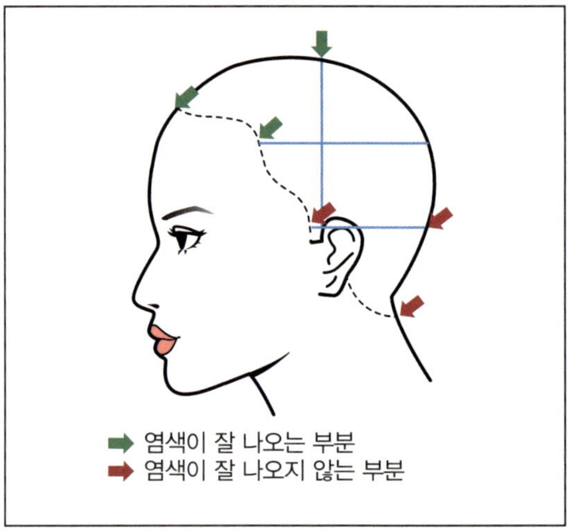

(2) 염색 시 주의사항

① 염색이 잘 나오는 부분: 두정부, 헤어라인

② 염색이 잘 나오지 않는 부분: 측두부, 후두부

③ 이유: 모발이 가는 부분, 두상에 열이 많은 부분에 염색이 잘 됨

- 염색 시 염색브러시에 염모제는 충분히 묻혀 가로로 피팅을 하고, 염모제 도포 후에는 세로로 염모제를 빗어서 발라준다.
- 염모제를 바르고 크로스 체크하듯이 빈 부분이 없도록 꼼꼼히 빗어서 발라주는 것이 중요하다.
- 브러시의 각도를 90도로 세우면 브러시가 모발 면에 닿는 면적이 적어 염모제의 도포량이 적어지고, 각도를 45도로 눕히면 브러시가 모발에 닿는 면적이 많아 도포량이 적어진다.

브러시 각도 45도	브러시 각도 90도

2) 섹션의 폭과 슬라이스 뜨기

헤어염색을 하기 위해 두상의 섹션을 잘 이해하는 것이 중요하다. 섹션의 폭은 염모제의 양과 도포시간과 밀접한 관련이 있으므로 염색하고자 하는 부위의 섹션을 정확히 나누어야 한다.

(1) 블로킹 및 염모제 도포 순서

- 블로킹은 두정부 정중선에서 귀를 중심으로 이어포인트까지 측중선을 나누어 4등분 한다.
- 염모제의 도포순서는 블로킹 파트와는 다르고, 염색이 잘 나오지 않는 측두부와 후두부를 가장 먼저 염모제를 도포하고, 염색이 가장 잘 나오는 두정부와 헤어라인은 맨 마지막에 염모제를 도포한다.
- 도포순서: 네이프 → 탑포인트
  사이드 → 프론트

염모제 도포 방법
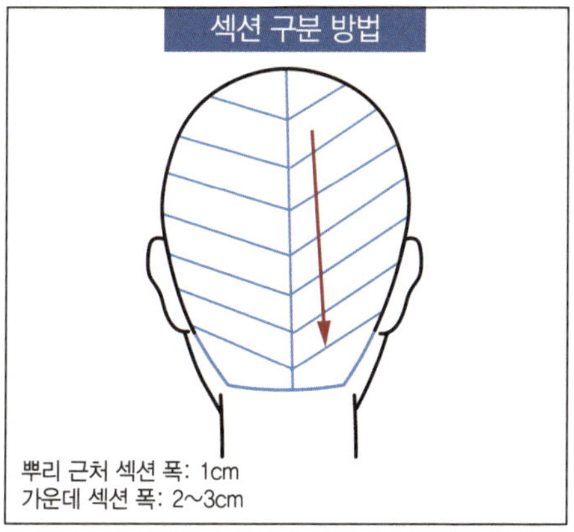

■ 블로킹 및 염모제 도포 순서

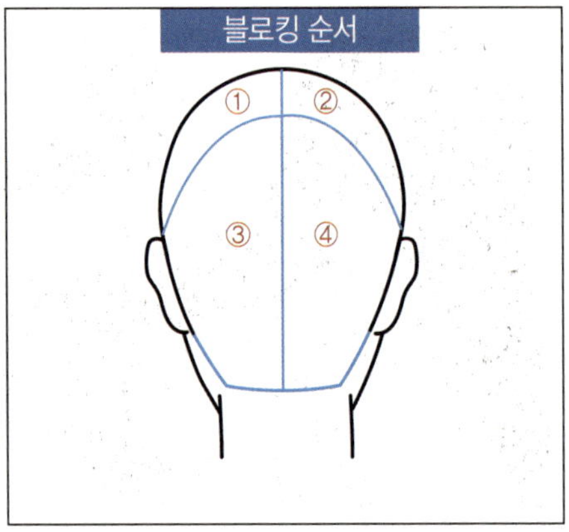

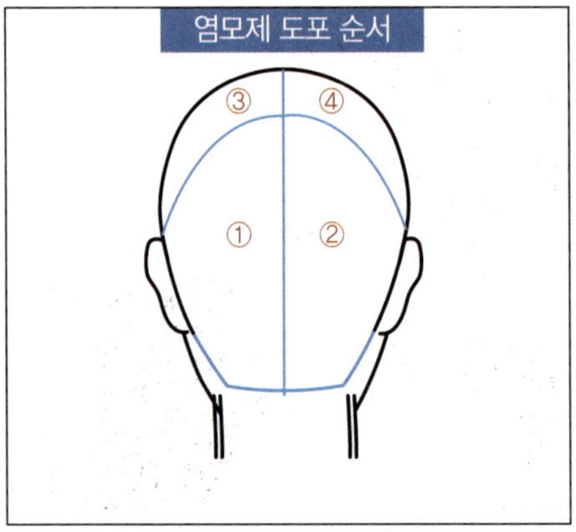

실습과정 메모

3) 터치 도포 테크닉

헤어염색 시 모발 길이, 숱에 따라 다양한 도포 테크닉을 활용한다. 원터치 도포 테크닉은 주로 뿌리염색이나 짧은 모발의 염색 시 한 번에 도포하는 테크닉이다.

(1) 원터치 도포 테크닉

원터치 도포 테크닉은 기염모가 없고 신생모의 전체염색 시 적당한 도포 테크닉이다.

▣ 도포 방법

① 두상의 정중선과 측중선을 기준으로 하여 4등분 블로킹을 한다.

② 도포순서는 염색이 잘 나오지 않는 네이프에서 탑으로, 사이드에서 프론트로 염색약을 도포해 준다.

③ 슬라이스 폭은 1~3cm 정도가 적당하고 모발 끝에서부터 뿌리쪽으로 가면서 염모제를 도포 & 빗질해준다.

④ 모발이 긴 경우는 모발 끝부분부터 뿌리를 기준으로 5cm 정도씩 나누어서 도포하는 것이 좋다.

(2) 투터치 도포 테크닉

투터치 도포 테크닉은 모발의 길이가 20cm 미만의 모발에 적당한 기법이다.

▣ 도포 방법

① 두상의 정중선과 측중선을 기준으로 하여 4등분 블로킹을 한다.

② 도포순서는 염색이 잘 나오지 않는 네이프에서 탑으로, 사이드에서 프론트로 염색약을 도포해 준다.

③ 모발 끝부터 신생모의 약 1.5cm정도를 제외한 부분까지 도포하고 약 5분 정도 방치한다.

④ 발색 여부를 체크하기 위해 중간에 컬러체크를 하고, 신생모 부분을 도포하고 약 10~15분 정도 자연방치한다.

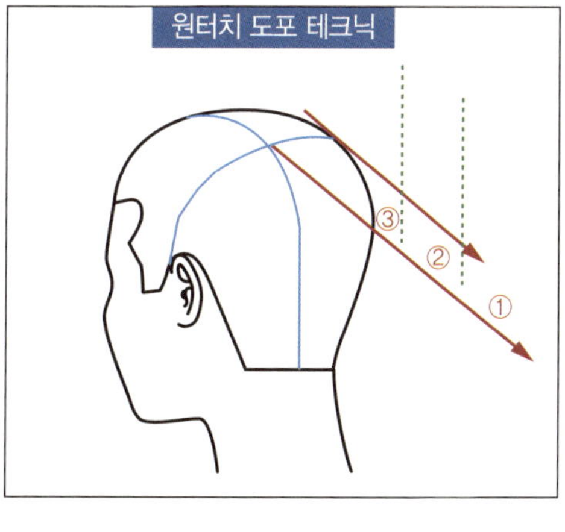

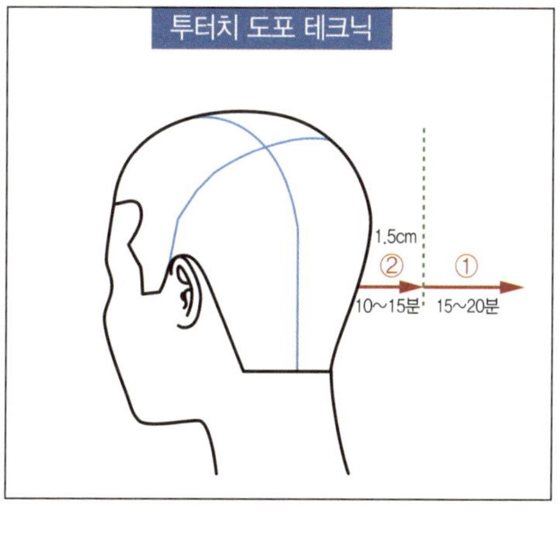

(3) 쓰리터치 도포 테크닉

쓰리터치 도포 테크닉은 모발의 길이가 20cm 이상의 모발에 적당한 기법이다.

■ 도포 방법

① 두상의 정중선과 측중선을 기준으로 하여 4등분 블로킹을 한다.

② 도포순서는 염색이 잘 나오지 않는 네이프에서 탑으로, 사이드에서 프론트로 염색약을 도포해 준다.

③ 모발 끝부터 신생모의 약 20cm정도를 제외한 부분까지 도포하고 약 5분 정도 방치한다.

④ 신생모의 약 1.5cm 정도를 제외하고 끝 부분까지 연결하여 염모제를 도포하고 약 15분 정도 자연방치한다.

⑤ 발색 여부를 체크하기 위해 중간에 컬러체크를 하고, 신생모 부분을 도포하고 약 15분 정도 자연방치한다.

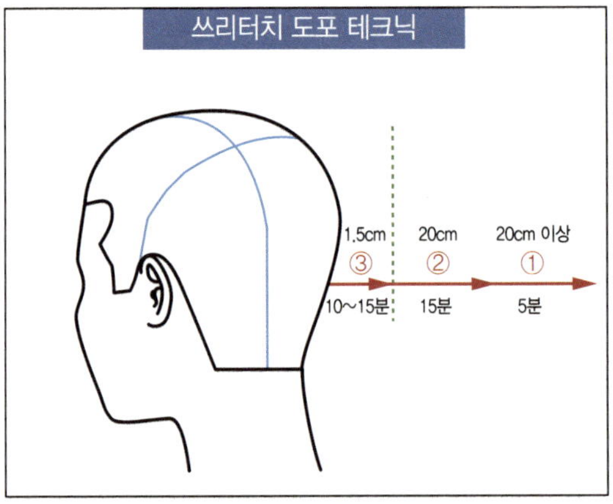

실습과정 메모

실습과정 메모

• 원터치 도포 테크닉 실습

사진 1	사진 2	사진 3	

실습과정 메모

• 투터치 도포 테크닉 실습

사진 1	사진 2	사진 3	

실습과정 메모

• 쓰리터치 도포 테크닉 실습

사진 1	사진 2	사진 3	

실습과정 메모

4) 포일 도포 테크닉

• 포일을 이용하여 두가지 이상의 색으로 모발의 색상, 명도, 채도 뿐 아니라 컬러와 컬러사이에서 생기는 톤온톤과 톤인톤의 입체감과 율동감까지 표현 도포하는 테크닉이다.

위빙 도포 테크닉	▣ 도포 방법
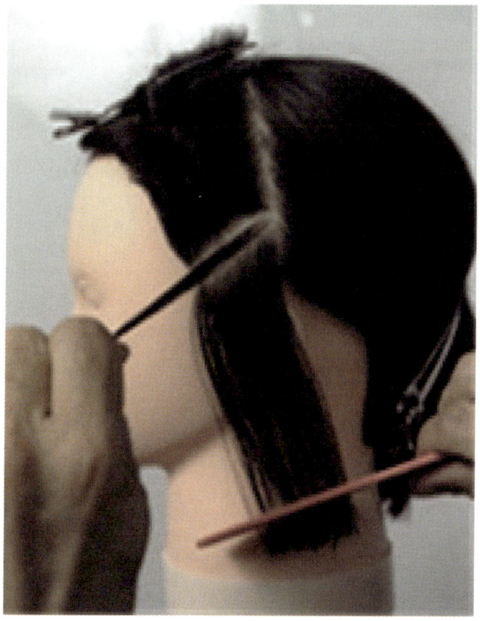	– 모발손상을 줄이면서 입체감을 표현할 때 적당한 도포 테크닉이다. ▣ 도포 방법 1. 두상의 정중선과 측중선을 기준으로 하여 4등분 블로킹을 한다. 2. 도포순서는 염색이 잘 나오지 않는 네이프에서 탑으로, 사이드에서 프론트로 염색약을 도포해 준다. 3. 슬라이스 폭은 1cm 정도가 적당하고 모발 뿌리쪽에서 끝부분으로 염모제를 도포 & 빗질해준다. 4. 1Cm 간격으로 전대각 슬라이스를 나누고 탈색제 또는 염모제를 슬라이싱 한 모발 전체에 포일을 사용하여 도포한다. 5. 25~30분 방치한 후 샴푸한다.
	– 모발손상을 최소화하면서 입체감과 율동감을 표현할 때 적당한 도포 테크닉이다. ▣ 도포 방법 1. 두상의 정중선과 측중선을 기준으로 하여 4등분 블로킹을 한다. 2. 도포순서는 염색이 잘 나오지 않는 네이프에서 탑으로, 사이드에서 프론트로 염색약을 도포해 준다. 3. 슬라이스 폭은 1cm 정도가 적당하고 모발 뿌리쪽에서 끝부분으로 염모제를 도포 & 빗질해준다. 4. 1Cm 간격으로 전대각 슬라이스를 나누고 0.5~0.8Cm 정도로 뜸 뜨기를 한 다음 탈색제 또는 염모제를 뜸 뜬 모발 전체에 포일을 사용하여 도포하여 도포한다. Tip) 뜸을 뜬 부분 외의 부위에 탈색제가 묻어 색이 번지지 않도록 주의 5. 25~30분 방치한 후 샴푸한다.

사진 1	사진 2

실습과정 메모

실습과정 메모

실습과정 메모

실습과정 메모

실습과정 메모

실습과정 메모